# 省域水库大坝安全监测管理技术概论

那巍 付宏 芦绮玲 著

中国水利水电出版社
www.waterpub.com.cn
·北京·

# 内 容 提 要

本书是作者在多年从事水库大坝安全管理研究工作的基础上编写的，主要内容包括：大坝安全监测管理国内外进展综述；大坝安全监测法律法规及技术标准；山西水库大坝安全管理现状评述；不同水库管理部门对大坝安全监测工作基本要求；适用于省域的水库大坝安全监测信息化综合体系的技术框架；大坝安全监测资料分析的步骤、主要方法以及主要监测项目的分析方法。

本书可供从事水库大坝安全的研究、管理、技术人员参考，也可供高等院校相关专业的老师、学生参考使用。

**图书在版编目（CIP）数据**

省域水库大坝安全监测管理技术概论 / 那巍，付宏，
芦绮玲著. -- 北京 : 中国水利水电出版社，2019.9
ISBN 978-7-5170-8061-9

Ⅰ．①省… Ⅱ．①那… ②付… ③芦… Ⅲ．①水库—
大坝—安全监控—概论 Ⅳ．①TV698.2

中国版本图书馆CIP数据核字 (2019) 第212426号

| 书　　名 | **省域水库大坝安全监测管理技术概论**<br>SHENGYU SHUIKU DABA ANQUAN JIANCE GUANLI<br>JISHU GAILUN |
|---|---|
| 作　　者 | 那巍　付宏　芦绮玲　著 |
| 出版发行 | 中国水利水电出版社<br>（北京市海淀区玉渊潭南路 1 号 D 座　100038）<br>网址：www.waterpub.com.cn<br>E - mail：sales@waterpub.com.cn<br>电话：(010) 68367658（营销中心） |
| 经　　售 | 北京科水图书销售中心（零售）<br>电话：(010) 88383994、63202643、68545874<br>全国各地新华书店和相关出版物销售网点 |
| 排　　版 | 中国水利水电出版社微机排版中心 |
| 印　　刷 | 天津嘉恒印务有限公司 |
| 规　　格 | 170mm×240mm　16 开本　13.25 印张　235 千字 |
| 版　　次 | 2019 年 9 月第 1 版　2019 年 9 月第 1 次印刷 |
| 印　　数 | 0001—1000 册 |
| 定　　价 | **68.00 元** |

# 前言

　　水库是中国最重要的基础设施之一，对社会发展、稳定及经济建设起着十分重要的作用。我国水库分布广、数量多，其中部分中、小水库因交通不便、地处偏僻而受重视程度不够；或者水库年久失修、管理粗放，最终导致各种安全隐患。一旦出现事故，不但对人民群众的生命财产造成影响，而且会对水库周边的基础设施造成毁坏，给当地的生产、生活和经济发展带来影响。水库安全事关人民生命财产安全，事关社会稳定和改革发展，确保水库安全，对于维护我国经济社会稳定大局意义重大。

　　水库大坝安全监测是人们了解大坝运行状态和安全状况的有效手段和方法，是一个包括由获取各种环境、水文、结构、安全信息到经过识别、计算、判断等步骤，最终给出大坝安全程度的全过程。此过程包括：通过各种信息的获取、整理和分析，给出大坝安全评价，控制大坝安全运行；校核计算参数的准确性和计算方法的实用性；反馈施工方法的正确性，改进施工方法和施工控制指标；为科学研究提供现场资料，检验各种理论、校正各种模型和参数，协助找出发展规律和辅助成因分析等。

　　水库安全监测信息化对于提高资源共享，促进国民经济协调发展具有重要意义。特别是对于保证大坝安全，提高水资源的利用率，全面建设小康社会促进国民经济协调发展具有重要现实意义和长远的历史意义。

　　基于物联网技术的水库大坝安全监测管理方案，解决了大坝安全监测中因监测项目众多，测点布置分散且地理偏僻、环境恶劣的地方，需要花费大量时间和人力进行观测、数据采集和计算分析等问题；减少了人为劳动强度，能够快速、准确地进行大坝安全参数测量、数据采集和传输，并能实时进行资料整编和分析，大大减少人为因素的不确定性，极大地提高管理大坝的能力，也增加了尽早发现事故隐患的可能性，最终实现"无人值班，少人值守"的现代水利管理要求。

建立自动化的水库安全监测采集系统，可以实现大坝实际工作性态的实时监测和分析，全面掌握水库的运行状态，水库可根据监测数据采取相应的工程应对措施，最大程度利用水库库容，增加水库的防洪效益和供水能力。大坝安全监测系统的建立，解决了水库存在的"前期洪水放掉不敢蓄，汛后又无来水可蓄"的问题，提高了水库管理决策科学性，也就是说，其经济效益表现为增加了发电量和下游地区的农田灌溉面积及供水量。大坝安全监测系统的建立，极大地提高了水库管理的工作效率，实现了监测数据库信息的实时采集，增强了水库的防洪度汛能力，提高了水库工程管理工作的效率，使水库运行的可靠性极大地提高，从过去水库以保坝为主转变为现在的安全和创效并举的现代水利管理模式，保障了下游群众的生命财产安全和社会和谐发展。

全书共7章：第1章阐述了大坝安全监测管理的目的、意义和范围、内容，论述了大坝安全监测管理国内外进展；第2章阐述了大坝安全监测法律法规及技术标准发布及应用情况，并进行了总体评价；第3章分析了水库大坝安全管理形势和要求，评述了山西省水库大坝安全管理现状；第4章分别从水库主管部门、水库管理部门、其他相关部门及水库督查等不同管理者角度，论述了对大坝安全监测工作的基本要求；第5章论述构建适用于省域的水库大坝安全监测信息化综合体系的技术框架，分别介绍建立完善的安全监测基础设施，上下一体的数据汇集共享平台，功能比较完备的水库大坝安全业务应用，及统一规范的技术标准和安全可靠的保障体系等；第6章介绍大坝安全监测资料分析的步骤、主要方法及主要监测项目的分析方法；第7章基于上述研究基础，对目前大坝安全监测进行初步总结，提出笔者的认识。

本书理论联系实际，有如下特点：

（1）实用性。以实际管理需要为背景，结合具体工程实际，避免高深的数学、力学理论。

（2）先进性。本书以信息化和网络化为目标，结合区域水库群安全监测管理，对下一步水库群的平台建设，乃至全国水库大坝安全监管平台的建设都具有一定的借鉴意义。

（3）可操作性。本书的方法都是经过实践检验的成熟可靠的方法，可操作性强。

本书对从事水库大坝安全监测、运行、管理、设计等人员具有一定的参考价值。

本书第 1 章由付宏撰稿，第 2 章由付宏、芦绮玲、那巍撰稿，第 3 章由付宏撰稿，第 4 章由芦绮玲撰稿，第 5 章由芦绮玲、那巍撰稿，第 6 章由那巍撰稿，第 7 章由付宏撰稿。全书由付宏统稿，芦绮玲校核，方卫华为本书的撰写提出了宝贵意见。

作者衷心感谢山西省河道与水库技术中心、水利部南京水利水文自动化研究所、山西省西山提黄灌溉工程建设管理中心、山西天宝信息科技有限公司等单位及参加人员。

本书的编著出版得到了山西省科技重点研发计划项目 (201803D121047)、山西省水利科学技术研究与推广项目 （TZ2019019）的资助。本书在研究与编写过程中，得到了南京水利水文自动化研究所、山西天宝信息科技有限公司相关单位及有关专家、同行的大力支持。同时，本书也吸收了水库大坝安全监测领域专家学者的研究成果。在此，一并向他们表示衷心感谢。

由于作者水平有限，加之时间仓促，书中难免存在瑕疵，敬请各位专家和读者给予批评指正。

**作者**

2019 年 6 月于太原

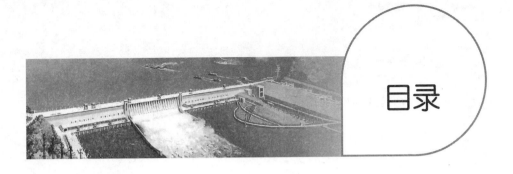

# 目录

前言

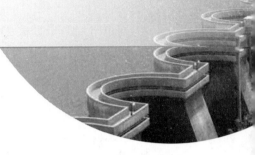

# 1

# 绪　论

根据《2016 年全国水利发展统计公报》，全国已建成各类水库 98460 座，总库容 8967 亿 m³，包括大型 720 座、中型 3890 座、小型 93850 座。其中水利部门管理 95086 座，数量占总数的 96.6％，库容占总库容的 48.9％；国家能源局管理 516 座，数量占总数的 0.5％，库容占总库容的 48.1％；交通、住建、农业、林业、司法等部门和军队也管理一些水库。

这些水库作为水利基础设施的重要组成部分，长期以来在国家防洪、经济建设中发挥了巨大的作用，它们的运行安全与否直接关系到国家经济发展、社会秩序和人民生命财产安全。随着我国经济社会的快速发展，水库安全管理的重要性也越来越不容忽视。大多数水库下游地区人口稠密，一旦发生垮坝失事，所造成的人员伤亡、对城镇及交通等基础设施毁坏的损失和影响，远比一般公共设施失事的后果要严重得多。根据水利部公布的数据，自 1954 年有溃坝记录以来，全国已发生溃坝水库 3500 多座，其中大中型水库占 1.2％，小型水库占 98.8％。这些事故的发生，充分地暴露出水库管理上的薄弱环节。尽管目前科技和管理水平有了很大的进步和提高，但由于大坝安全会受到材料、结构、地质、气候等多方面因素影响，溃坝的可能性依然存在。

目前，在降低大坝失事风险的措施和手段中，非工程措施发挥了不可替代的作用。水库大坝安全监测作为非工程措施中的关键内容，是检验设计、校核施工和指导大坝安全运行的有效手段，是数值模拟和实验的重要补充。因此，建立完善的大坝安全监测系统并加强监测管理，可以有效地降低工程风险，起到防灾减灾的作用。

因此，针对当前我国水库大坝监测管理的现状，迫切需要在调查研究的基础上，从水库大坝安全日常管理和自动监测综合体系建设要求角度，对大坝安全监测管理情况进行系统研究，从而为提高安全监测工作水平，给国家相关部门制定相关法规提供决策依据。

## 1.1 大坝安全监测管理的目的及意义

要让水库工程充分发挥其效益，首先必须保证大坝的安全。通常，大坝安全状态可以通过以下三种途径加以了解和掌握：第一种途径是对设计阶段的地质调查、结构设计和材料选择进行复核，通过数值计算分析确定。该途径面对的是一个"待建系统"，由于地质情况和材料参数不可能全面准确，获得大坝安全信息是不准确的，而且是变化的；第二种途径是模型试验法，由于模拟状态的有限、模拟时间有限，加上相似率的限制和尺度问题，其模拟的状态只能在宏观上大致了解大坝的承载能力和有限的破坏形式；第三种途径是通过在大坝上安装监测仪器获取的长期实测资料来分析大坝安全状态。第三种途径比前两种途径更加真实可靠，同时也具有动态捕获大坝安全信息的能力。大坝安全监测的实测资料分析可以实现检验设计、校核施工和了解大坝安全状况三大目的。对于水库管理而言，后者最为重要。由于水库大坝的水文、地质等条件的复杂性，人们认知水平的局限性，以及运行过程中会受到降雨、荷载、温度等变化的影响，工程不可避免地会存在一些损坏、老化等安全问题。通过对大坝进行安全监测，及时发现和处理问题，将隐患消灭在萌芽之中，对于大坝的安全管理极为重要。

大坝安全监测工作始于 20 世纪初，当时的方法和设备都较为落后，加上坝工设计、施工水平不高，大坝失事时有发生。著名的有 1928 年美国的圣·弗朗西斯坝失事事件，1959 年法国的马尔帕塞拱坝失事事件，1963 年意大利的瓦依昂水库滑坡事件，以及 1975 年我国板桥、石漫滩等水库大坝失事事件。这些水库大坝失事都造成了巨大的损失，引起了社会震动，促使许多国家制定大坝安全监测法规，改进监测技术和监测仪器，使大坝监测工作得到很大发展。大坝安全监测不能阻止大坝的垮塌，但由于大坝性态是一个逐步恶化的过程，因此大坝安全监测可以发挥大坝安全管理的耳目作用，可以通过安全监测信息尽早掌握大坝安全状态、发现大坝隐患，从而及时采取工程措施和报警，降低事故等级或规避风险，如以下几个具有代表性的实例。

安徽省梅山拱坝是一座坝高 88.24m 的混凝土连拱坝，由 15 个垛 16 个拱组成，坝长 311.5m，库容达 23.4 亿 m³。1962 年通过垂线观测到坝垛变形发生异常，其中靠近右岸的 13 号垛 10 月 17 日向左岸位移 3.81mm，11 月 6 日中午变成向右岸位移 14.53mm，但当日午夜 23 点 15 分又转向左岸位移 28.75mm，至 11 月 9 日向左岸的位移达 42.06mm。同一时间，该垛向下游的水平位移从 10.44mm 增加到 19.56mm。13 号垛至 16 号垛之间坝基岩石出现裂隙和大量漏水，由此发现坝基失稳，问题严重。由于连拱坝的结构特性，一垛一拱的崩坍将导致大坝崩溃，因而采取了紧急措施，放水后进行加固，才得以转危为安。由此可见垂线的连续监测数据给人们以明确的警示，大坝性态已不断恶化，必须采取措施，从而避免灾难性后果。

湖南省柘溪大头坝的 1 号、2 号支墩于 1969 年及 1977 年先后发生劈裂，引起国内普遍关注。事故是由检查廊道大量射水发现的，实际上早有先兆。1969 年夏天当 1 号墩头劈裂前，3 号支墩垂线曾显示严重向右侧移（1 号、2 号墩无垂线）。因先前垂线曾多次中断，迹象不明显。1975 年起该墩又出现向右趋势性变化，至 1977 年 6 月顶部达 8.7mm，超过了上下游向变幅。此时方发现 2 号墩头严重劈裂。1977 年上游面堵漏后侧移才逐渐回复。分析发现大坝侧移是由于 1 号、2 号支墩开裂处库水渗入，墩温下降所致。资料证明，3 号墩中下部的降温过程与侧移同步，总共持续下降约 2℃。上游面堵漏之后，温度也逐步回升，5 号支墩的温度就没有下降，始终维持正常。通过事后资料分析得知，事故发生两年半之前垂线就开始出现异常，事故前一年多，征兆已经十分明显，说明垂线监测数据能够直观地反映大坝的异常状态。只是由于当时人们认识水平所限，对其测值传达的信息未能充分重视，及时地发现并采取必要的处理措施。

垂线在早期发现大坝性态异常因而及时处理的最成功的实例可能要算瑞士的佐齐尔拱坝。该坝高 156m，从 1957 年大坝投入运行到 1978 年一直正常运行，然而 1978 年 12 月该坝拱冠在高水位和低温荷载组合下却开始向上移动。管理部门注意到这个异常变位后即刻通知专家进行研究复查，及时采取各种措施并降低水位运行。后查明拱坝基础变动的主要原因是离坝 1.5km 比坝低 320m 处开挖了一条排放地下水的隧洞所致。至 1980 年该坝与蓄水时相比拱冠向上游移动了 9cm，沉陷了 10cm，两岸距离缩短了 5cm。

监测资料是大坝性态的客观反映，利用实测资料来证明大坝的运行性态是正常的，从而充分发挥工程效益，在我国已有成功的例子。恒山拱坝是我国第一座双曲薄拱坝，高 69m。因怀疑左坝肩抗滑稳定及坝身应力有问题，虽经加固，但自 1961 年以来一直长期处于低水位运行。该坝观测设施除埋设的内部仪器外在拱冠梁处有一条正垂线。1987 年分析时此垂线资料表明该坝变形一直正常，成为安全论证的主要依据。经充分论证，认为大坝的结构性态是正常的，可以逐步提高运行水位，该工程的经济效益和社会效益始得以充分发挥。

我国很多水库，通过对监测资料的分析，了解水库各个建筑物的状态，掌握工程运用的规律，确定维修措施，改善运行状况，从而保证了水库的安全和效益发挥，并且为提高科学技术水平，提供了宝贵的第一手资料。例如官厅水库土坝下游发生泉眼漏水，通过监测资料的分析，判断为左岸山头基岩发生绕坝渗流，经过多种措施进行处理，安全运用至今。又如上犹江水电站设计最高水位为 198.0m，经对长期监测资料的分析，确认最高水位可以提高到 200.0m，1970 年实际运用最高水位达 200.27m，大坝安全无恙，充分发挥了工程效益。由此可见，对监测资料进行科学的整理分析，是监测工作必不可少的组成部分，对于管好用好水库、保证水库安全运用、充分发挥效益，以及提高科学技术水平，具有重要的意义。

上述实例表明，大坝安全监测可以及时发现大坝异常，避免大坝性态在没有察觉的情况下恶化。同时通过监测可以更加准确地掌握大坝性态，充分发挥工程效益。

## 1.2 大坝安全监测管理的范围及内容

众所周知，大坝是一种特殊建筑物，其特殊性主要表现在如下三个方面：①投资及效益的巨大和失事后灾难的严重性；②结构、材料特征、边界条件及运行环境的复杂性和多变性；③设计、施工、运行维护的经验性、不确定性和涉及内容的广泛性。以上特殊性说明了要准确了解大坝工作性态，数值计算和模型实验的作用是有限的，大坝安全监测对掌握大坝真实安全状态作用不可替代。为更好地做好安全监测工作，必须了解安全监测的范围及内容，而要了解安全监测的范围及内容，首先必须分析影响大坝安全的因素。

### 1.2.1 影响大坝安全的因素

影响大坝安全的因素很多，据国际大坝会议"关于水坝和水库恶化"小组委员会记录的 1100 座大坝失事实例，1950—1975 年大坝失事的概率和成因分析中得出大坝失事的频率和成因分别为：30％是由于设计洪水位偏低和泄洪设备失灵引起洪水漫顶而失事；27％是由于地质条件复杂，基础失稳和意外结构事故；20％是由于地下渗漏引起扬压力过高、渗流量增大、渗透坡降过大引起；11％是由于大坝老化、建筑材料变质（开裂、侵蚀和风化）以及施工质量等原因；12％是不同的特有原因所致。

通过上述的统计数据可以作如下分析：大坝失事的原因很多、涉及范围也很广，但大致可以分成 3 类：第一类是由设计、施工和自然因素引起，一旦大坝建成就已基本确定了的，如抵抗洪水位能力、材料和结构等；第二类是在运行中逐步形成的，有一个从量变到质变的发展过程，如冲刷、浸蚀、混凝土的老化、金属结构的锈蚀等；第三类是由于管理不善引起的，如缺乏必要的监测设施未能及时发现大坝隐患，对于闸门等启闭设备缺乏备用措施或未考虑到特殊情况等。

我国电力系统首轮大坝安全定检的 96 座大坝中，发现大坝安全隐患及比例如下：①防洪标准偏低占 38 座；②坝基存在重大隐患占 14 座；③坝体稳定安全系数偏低占 5 座；④结构强度不满足规范要求占 10 座；⑤裂缝规模大占 70 座；⑥坝基、坝体扬压力偏高占 32 座；⑦泄洪建筑物损坏严重占 23 座；⑧混凝土老化严重占 10 座；⑨近坝库岸边坡不稳定占 10 座；⑩水库淤积严重占 10 座；⑪水工金属结构存在重大缺陷占 27 座；⑫大坝监测设施缺项或精度低占 80 座。从上述数据可以发现，大坝安全监测设施缺项或精度低是大坝的主要隐患，而且所占比例很高，占 83％。除第一项外，其他各项都需要通过大坝监测系统加以监测。

实际上，大坝失事有一个从量变发展到质变的过程，上述隐患如果不能及时发现将使隐患不断恶化，从而导致严重后果。例如马尔巴赛拱坝失事后检查分析，认为左岸基岩变形失稳，导致坝体应力重分布，最终达到崩溃，发展过程长达几周到几个月。但是，由于没有设置监测仪器，未能及时监测，以至在毫无察觉的情况下，突然溃决。因此，没有布设监测设施，成为当时指责的焦点。为此，加强安全监测是有效发现隐患的关键。

从上述两组统计数据可以发现，安全监测的内容不仅要包括大坝本身，还需要包括影响大坝的相关因素，如水文、地质和金属结构等，因为这些部位同样会影响大坝安全。

另外一个值得重视的问题是随着梯级开发的不断深入，上下游水库之间的距离越来越近，因而上游水库的溃坝必然对下游大坝的安全造成致命的影响，另外根据溃坝洪水分析，上游的水库溃决不仅对下游水库造成影响，同样对淹没区内的水库大坝都将造成影响，因此在对溃坝分析的基础上，上游水库的大坝安全信息必须被下游水库所掌握，下游水库大坝的运行管理不仅要关心自身水库的运行，同样需要关注上游相关水库的运行情况，而关注上、下游水库安全运行情况最重要的是获取上、下游水库大坝的安全监测资料。从这个意义上来讲，大坝安全监测应该从单个大坝的安全监测推广到"水库群坝的安全监测"。

## 1.2.2 大坝安全监测的内涵

判断大坝运行是否安全，一般需要通过日常的人工巡视检查和仪器监测来完成。通过以上分析可知，影响大坝安全的因素很多（坝址选择、枢纽布置、坝体结构、材料特性、水库调度等）、时间跨度大（从设计施工埋下的隐患到运行管理的不善），为此大坝安全监测必须深刻理解大坝监测的内涵，并根据上述情况提高针对性。

所谓的大坝安全监测，是根据大坝可能的破坏模式、失事风险以及相应的效应量，通过设置相应的监测项目和布置相应的测点，完成大坝安全信息采集、整理分析和大坝异常状态判断处理的全过程。一般包括监测项目设置、测点布置、监测方法选择、资料整理整编分析等过程（参见图1-1）。

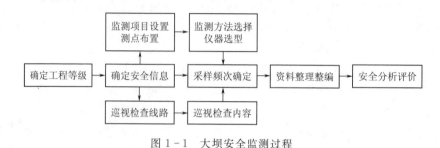

图1-1 大坝安全监测过程

### 1.2.2.1 监测范围和内容

大坝安全监测范围应包括坝体、坝基、坝肩，以及对大坝安全有重大影响的近坝区岸坡和其他与大坝安全有直接关系的建筑物和设备。众所周知，瓦依昂（Vajont）拱坝就是由于库区发生大滑坡引起了溃坝；1961年3月6日，我国柘溪水电厂首次蓄水时，在大坝上游右岸1.55km处也曾发生大滑坡；佐齐尔拱坝1978年12月发现拱冠向上游移动的原因就是因为离坝1.5km的地方在比坝低320m处开挖了一条排放地下水的隧洞所致。可见，关系大坝安全的因素存在的范围大，包括的内容多，如泄洪设备及电源的可靠性、下游冲刷及上游淤积、周边范围内大的施工特别是地下施工爆破等。

根据大坝安全监测的目的，监测的主要内容包括变形、渗流、压力、应力应变、水力学及环境量等。其中，变形和渗流监测是最为重要的监测项目。这些监测量直观可靠，可基本反映在各种工况下的大坝安全状态。

另外，开展大坝安全监测过程中，有两个问题容易忽视：一是对于存在安全关联的梯级水库大坝或安全关联水库群，上下游水库大坝是否实现安全监测信息共享；二是大坝安全监测的内容不仅是坝体结构及地质状况，还应包括金属结构、辅助机电设备及泄洪消能建筑物等，因为这些设备（施）同样影响大坝安全。

### 1.2.2.2 大坝安全监测的针对性

**1. 时间上的针对性**

根据《土石坝安全监测技术规范》（SL 551—2012）中1.0.9条，将监测工作划分为可行性研究阶段、初步设计阶段、招标设计阶段、施工阶段、初期蓄水阶段和运行阶段，各阶段安全监测管理的内容有不同侧重。

2. 坝型结构上的针对性

大坝根据筑坝材料可以分成混凝土坝和土石坝。混凝土坝一般包括重力坝和拱坝，土石坝又可以分成均质坝、心墙坝和面板坝等。安全监测应有针对性地结合具体的坝址、坝型和结构有针对性地加强监测，如针对面板堆石坝面板与趾板之间的防渗、碾压混凝土坝的层间结构、高强震地区均质土坝的液化、薄拱坝坝肩的稳定、破碎地基及深覆盖层上筑坝的基础处理及防渗、多泥沙河流的泥沙淤积、库岸高边坡的稳定等。由于总体布置不合理，泄洪水雾有可能引起跳闸等问题，应注意对雾化的监测和汛期对备用电源的检查等。

3. 不同等级工程的针对性

即使同一种坝型，由于工程等级不同，其失事风险也不同，破坏形式也不同，因此针对工程等级不同，安全监测的重点也应有所调整。

### 1.2.2.3 监测手段和方法

大坝安全监测包括巡视检查和仪器监测。前者也要尽可能利用当今的先进仪器和技术对大坝特别是隐患进行检查，以便做到早发现早处理，如土石坝的洞穴、暗缝、软弱夹层等很难通过简单的人工检查发现，因此，必须借用高密度电阻率法、中间梯度法、瞬态面波法等进行检查，从而完成对其定位及严重程度的判定。人工巡查和仪器监测分不开的另一条原因是由于大坝的特殊性和目前仪器监测的水平所决定的。大坝边界条件和工作环境较为复杂，同时，由于材料的非线性（特别是土石坝），从而使监测的难度增大；目前仪器监测还只能做到"点（小范围）监测"，如测缝计只能发现通过测点的裂（接）缝开度的变化，而不能发现测点以外裂（接）缝开度的变化；变形（渗流）测点监测到的是坝体（基）综合反应，因而难以进行具体情况的原因分析。正是由于上述原因，监测手段和方法必须多样化，即将各种监测手段和方法结合起来，将定性和定量监测结合起来，如将传统的变形、渗流、应力应变及温度监测同面波法、彩色电视、超声波、CT、水质分析等结合起来。

## 1.2.3 在大坝安全评价中的作用

按照 SL 258—2017《水库大坝安全评价导则》（附录1），大坝安全评估包括大坝结构稳定、渗流稳定、抗震性能、金属结构性态、洪水复核等方面。当复核计算结果与规范规定接近而难以确定安危时，可结合工程现状，并考虑溃坝后果及大坝的运行管理情况综合评定。根据大坝安全监测资料，一般可以进行结构和渗流安全评价。

### 1.2.3.1　结构安全评价

结构安全评价应结合现场检查和监测资料分析进行，包括应力、变形及稳定分析。土石坝的重点是变形和稳定分析；混凝土坝的重点是强度和稳定分析。

利用监测资料对大坝的结构安全进行评价时，如出现下列情况，可以认为大坝结构不安全或存在隐患：

（1）位移、变形、应力、裂缝开合度等的实测值超过有关规范、设计或试验规定的允许值。

（2）位移、变形、应力、裂缝开合度等在设计或校核条件下的数学模型推算值超过有关规范、设计或试验规定的允许值。

（3）位移、变形、应力、裂缝开合度等监测值与作用荷载、时间、空间等因素的关系突然变化，与以往同样工况对比有较大幅度增大。

### 1.2.3.2　渗流安全评价

渗流安全评估主要有现场检查法、监测资料分析法、计算分析（模型计算）或经验类比法等。

对大坝进行渗流安全检查评估，当发现以下情况时，可以认为大坝的渗流状态合理：

（1）渗透坡降低，浸润线、渗流量未超出规范值并无趋势性变形。

（2）各监测物理量与理论分析、试验相一致，无异常现象。

（3）扬压力分布合理，未超过正常范围。

（4）渗流监测与其他监测项目，如变形和应力监测能相互验证。

## 1.3　大坝安全监测管理进展

20世纪70年代以来，由于电子技术和电子计算机的发展和应用，大坝安全监测系统实现了半自动化或自动化，美国、日本、西班牙、意大利、法国等都在其国内建立机构进行大坝安全监测资料的集中处理。我国的大坝安全监测工作开始于20世纪50年代中期，60年代逐步研制和生产了各种监测仪器，制订了《水工建筑物观测工作手册》及有关规定。20世纪80年代研制并应用了遥测垂线坐标仪、倾斜仪、水位计、激光准直设备等新仪器新设备，在龚咀水电站、葛洲坝水利枢纽、东江水电站等大坝上实现了内部观测仪器自动测量和自动处理，建立了全国性的大坝安全监测机构和资料分析中心，开始制订各种大坝安全管理条例和技术规范。1998 年研制成功分布式大坝监测系统。21
世纪开始了光纤传感、光纤陀螺、GPS 一机多天线、测量机器人、D - Insar、
CCD、地面 INSAR 等传感器和监测技术的研究应用。

## 1.3.1　国外进展

1955 年，意大利的法那林（Faneli）和葡萄牙的罗卡（Rocha）等人开始
应用统计回归方法来定量分析大坝的变形观测资料。1977 年，法那林等又提
出了混凝土大坝变形的确定性模型和混合模型，将有限元理论计算值与实测数
据有机地结合起来，以监控大坝的安全状况。

早在 20 世纪 60 年代后期，国外已开始研制大坝安全监测自动化设备，日
本首先在梓川的 3 座拱坝即奈川渡、稻核、水殿上实现了监测数据采集自动
化，定时测量的资料送东京分析。20 世纪 70 年代后期意大利 ISMES 等单位
研究了分析处理大坝监测资料的数学模型，在 Talva cchia 双曲拱坝上利用垂
线坐标仪和模拟计算机实现变形监控，后来又在 Chotas 坝上安装了集中式数
据采集系统，20 世纪 80 年代后期在 Ridradi 等大坝上都安装了可靠性更高的
混合式系统和分布式系统。大坝监测资料的分析处理方法从建立统计模型发展
到用确定性模型或混合模型处理，编制了对大坝监测资料集中处理的专用程序
MIDAS。

美国和法国较早地实现了大坝监测资料的集中自动处理，但大坝监测数据
采集自动化发展较晚。20 世纪 80 年代初期美国垦务局首先在 Monticello 拱坝
上安装了集中式系统，用卫星通信将资料发送到丹佛。他们总结经验之后，在
Flaming Gorge 等 4 座混凝土坝都安装了可靠性更高的分布式数据采集系统。
90 年代以来分布式大坝监测系统已在大坝监测自动化领域得到普及，意大利
ISMES 的分布式系统测控装置采用光缆作为通信总线，因此防雷抗干扰性能
十分优良。以加拿大 ROCTEST 公司为例，他们开发的能用于水利工程的传
感器已达数十种且逐步系列化，分辨率 0.1℃ 的温度传感器、精度达 0.02mm
的位移计、0.1% F・S 的压力传感器等已成功应用于水利工程。目前国际上
有代表性的系统有美国 Campbell Scientific 公司的 CR - 10 系统，其测量单元
机芯被世界大多数监测仪器制造商（包括基康、SINCO、ROCTEST 等）用作
其自动化系统的采集单元，澳大利亚 Datataker 公司的数据采集仪，美国 Geo-
mation 公司的 3312 系统，意大利 ISMES 研究所的 GPDAS 系统。

在大坝安全监测管理上，国外将大坝安全监测作为大坝安全风险管理的一
部分，从整个管理体系上加以把握。美国、澳大利亚、加拿大等国已经提出系
统的风险管理方法。加拿大大坝安全协会于 1999 年出版了《大坝安全导则》，
并于 2007 年修订出版。新版导则的主要内容包括：强调公共安全，建立基于

大坝整个生命周期的管理系统，引进先进的风险分析技术，综合考虑新技术的研发及公众社会期望值的变化等。加拿大 BC 水电公司也编辑了大坝风险管理程序和文件。西班牙国家大坝委员会（SPANCOLD）编辑出版的《Dams in Spain》（2006）对大坝管理进行了叙述，但安全监测方面叙述不多。美国大坝的建设运行管理体制比较复杂，分为联邦、州和私人企业等几个层次，各联邦机构和各州都有各自的大坝安全管理规章制度。美国大坝安全评价分析的研究重点为基于风险的大坝安全管理，引入了风险度的概念。管理体系上主要是由联邦紧急事务管理署领导下的国家大坝安全计划（NDSP）负责，具体安全监测程序由《Dam Safety Performance Monitoring Program》（2007）给出。国际大坝委员会先后针对水库大坝安全监测发表了系列报告，包括《Automated observation for the Safety Control of Dams》（ICOLD Bulletin 41，1982）、《Dam Safety - guidelines》（ICOLD Bulletion 59，1987）、《Dam Monitoring General Consideration》（ICOLD Bulletion 60，1988）、《Monitoring of Dam and Their Foundation，State of the Art》（ICOLD 68，1989）等。

### 1.3.2 国内进展

#### 1.3.2.1 监测仪器

随着技术的不断发展，大坝安全监测仪器设备得到了长足的发展。我国主要观测仪器的研制以及工艺技术水平均取得了很大的进展。一些高精尖的技术和先进仪器应用到大坝安全监测中。2008 年 3 月以南京水利科学研究院勘测设计院、常州金土木工程仪器有限公司为主编单位，由中国水利水电出版社出版的《岩土工程安全监测手册（第二版）》对监测设计、常用仪器、安全监测方法以及监测资料分析等方面进行了全面总结。在新型监测仪器方面，激光三维扫描、INSAR、地面 INSAR、GPS、光纤光栅传感器、磁致伸缩、光纤陀螺等传感器也在大坝安全监测中的初步研究或应用。

1. 变形监测仪器的发展

在混凝土大坝上，一般采用正、倒垂线监测大坝的竖向和水平位移，包括挠度。观测仪器多采用垂线坐标仪、引张线仪、静力水准仪等。近年来，这些传统的观测仪器得到了很大的发展，主要体现在大量程、高精度和高可靠性。引张线仪由单向实现了向双向的发展和应用。遥测垂线坐标仪和引张线仪已经从接触式发展到非接触式，非接触式仪器包括步进式和 CCD 式。

遥测静力水准仪近年来得到了较快的发展，以前多采用进口仪器，近年来国内已有多种原理的静力水准仪，目前主要有差动变压器式、电感式和钢弦式等静力水准仪。静力水准仪是应用连通管原理测量测点间的相对位移，一侧沉降将引起浮子升降，通过各种量测技术测量浮子的升降，从而观测测点间的相对位移。

近年来，三维扫描、INSAR、雷达等高新面变形监测技术得到迅速发展，同时测量机器人技术、基于 MEMS 的内部变形技术也得到广泛应用。在上述面监测技术得到发展的同时，室外 GNSS 技术和室内的卫星变形监测技术也一直处于发展之中，前者主要表现为我国的北斗系统进步、多星兼容和数据融合，后者主要表现为精度的提高和适用范围的扩大。

2. 光纤传感器的发展

光纤传感器是新近发展起来的体积小、精度高、不受电磁干扰、抗腐蚀性环境的传感器，可用以测量温度、位移、应变、压力等物理量。该新型仪器最大的优点是不受电磁干扰，目前防雷抗干扰已经成为我国大坝安全监测自动化中最为棘手的问题。光纤传感器的使用为彻底解决防雷抗干扰的问题创造了条件。

尽管光纤传感器在国内水利工程上的应用尚处于起步阶段，但由于其具有其他传感器无法比拟的优越性，将使其具有十分广泛的应用潜力。水利部南京水利水文自动化研究所利用 948 项目，光纤自动监测系统已经在广东茜坑水库投入运行，该项目为点式光纤传感器。国内此方面的研究和研制也已起步，四川大学、长江科学研究院、武汉近年来大学的有关研究论文也在各专业期刊可见。

光纤传感器相对与传统传感器具有传输距离远、抗电磁干扰能力强等优势，随着近年来大型调水工程的建设，光纤传感器应用工程事例越来越多。

3. 差动电阻式传感器的发展

差动电阻式传感器近年来解决了长导线电阻、导线电阻变差对测值的影响，并实现自动化遥测，得到了很大发展。尽管其他仪器的发展和进步，已在某些方面对差阻式仪器的应用产生影响，但从国内工程已经使用上万支级的绝对数量上看，差阻式仪器的自动化测量仍具有重大意义。目前差阻式仪器由 4 线制改为 5 线制测量方式，仪器电阻、电阻比测量精度、遥测距离、抗干扰能力均优于国外厂家，处于国际先进水平。更为重要的是，差阻式仪器已经完成了大量程、高弹模量和耐高压产品。

4. 弦式传感器的发展

国内开发研制弦式仪器已有 40 多年的历史，随着大坝监测自动化的发展，弦式传感器近年也取得一些进步。至 2011 年，弦式仪器精度、性能、外观都有较大的改观，仅从精度上讲，优质产品能够达到 $\leqslant 1\% F \cdot S$，与 1992 年发布的《岩土工程用钢弦式压力传感器》（GB/T 13606—92）规定的 $2.5\% F \cdot S$ 综合误差相比，已有较大的提高。同时，大多传感器已增加测温功能，对其进行温度补偿修正，率定精度有所提高，体积也有所减小。在振弦式仪器测量方面，国内技术比较高，测量电路能够实现对国产和进口两种不同激振电压的振线式仪器的兼容，如我国已经在鲁布革和十三陵等工程实现了这两种仪器的长期稳定测量。但在单支仪器性能方面与国外先进同类产品相比，仍有一定的差距，主要表现在精度和长期稳定性两个方面。

### 1.3.2.2 安全监测数据采集系统

我国大坝安全监测自动化系统研究工作是从 20 世纪 80 年代初起步的。近年来，随着科学技术的发展，大坝安全监测自动化系统也得到了长足的发展。

目前，比较有代表性的大坝安全监测系统有水利部南京水文自动化研究所的 DG-2005 型大坝监测系统、南瑞集团公司的 DAMS-Ⅳ系统和南京水利科学院开发的 IHSMS-Ⅰ大坝监测系统等。这些系统的共同特点如下：

（1）分布式体系结构。采用分布式结构，测量控制单元可以安装靠近传感器的地方，传感器的信号可以不需要传输较远的距离，信号的衰减和外界的干扰可以大大减轻，系统既适合于传感器分布广，分布不均匀，传感器数量多、种类多、总线距离长的大中型工程自动化监测，也适合于传感器数量少的小型工程的自动化监测。

（2）结构模块化。系统由以前的测控装置专用型变成了通用型。根据功能的不同，开发不同的功能模块。DG-2005 系统根据测量传感器的类型的不同，开发了振弦式、电感式、步进式、卡尔逊式等测量模块，系统可以通过搭积木的方式，组建满足要求的系统，而 IHSMS-Ⅰ 系统则采用内部功能模块化、传感器接口模块化的思想，将系统内部功能模块化，开发了弦式功能模块、模拟量功能模块、通信功能模块等，接口模块根据传感器的类型，开发了相应的接口模块，接口模块不具有测量功能，这样保持系统测量的一致性。

（3）通信方式多样化。通信方式一般包括有线、无线、卫星、电话线、光纤、GSM/GPRS 等。一般系统提供两种或两种以上的通信方式，为系统的组网提供了比较大的便利，目前很多工程采用光纤通信，不仅提高了通信速率，也提高了系统抗电磁干扰能力和抗雷击能力。

（4）供电方式多样化。系统致力于提高性能，设计了各种电源管理电路，可以利用交流电、直流电、蓄电池、太阳能供电。

（5）防雷抗干扰能力得到加强。自动化系统建设的初期，很多系统的工作不稳定、损坏，甚至瘫痪都是由于抗干扰能力不过关，防雷击性能不够造成的，通过近几年的研究和经验的积累，系统从设计、结构、布局、元器件的筛选、通信、电源、电缆埋设等多个方面得到了改善，系统的可靠性得到了提高。

目前，我国开发的大坝安全监测系统虽然有了较大的提高，某些方面达到了国际先进水平，但是系统总体性能和国际先进产品相比，还存在一定的差距，特别是在可靠性和长期稳定性方面有待进一步的提高。从实际应用反馈的信息也可以看出，其系统可靠性不高和更新换代困难是最突出的问题。

### 1.3.2.3 监测资料分析方法

1974年，陈久宇等开始应用统计回归方法来分析大坝安全监测资料，并提出了许多有价值的模型。目前，河海大学和武汉大学等单位在大坝安全监测资料分析理论和建模方面已经取得很大进展，出版了《水工建筑物安全监控理论及其应用》等著作。近年来，随着人工智能和机器学习的进展，神经网络、灰色系统、模糊数学、支撑向量机等方法相继在大坝安全监测模型分析中得到应用，小波去噪、形态滤波等相继在大坝测值噪声处理方面得到应用，层次分析法、集对分析、模糊综合评价等不确定分析方法相继在大坝安全综合评价中得到应用。

### 1.3.2.4 技术标准编制

水利部大坝安全管理中心、水利部水文仪器及岩土工程仪器质量监督检验测试中心以及国家电力监管委员会大坝安全监察中心分别代表水利和电力系统编制了许多大坝安全监测相关规程、规范，如《混凝土坝安全监测技术规范》（DL 5178）、《水工建筑物强震动安全监测技术规范》（DL/T 5416）、《土石坝安全监测技术规范》（SL 551）都相继发布。同时，《国家一、二等水准测量规范》（GB 12897）、《国家三、四等水准测量规范》（GB 12898）、《中、短程光电测距规范》（GB/T 16818）、《国家三角测量规范》（GB/T 17942）以及《河流流量测验规范》（GB 50179）和《水道观测规范》（SL 257）等国家行业标准和规范被大坝安全监测相关规范引用。

以各大设计（规划）院为主，编制了各类水库大坝设计规范，如一般结构设计规范《重力坝设计规范》《拱坝设计规范》《水闸设计规范》《溢洪道设计规范》等，其中各类大坝（水工建筑物）设计规范中都有专门章节叙述安全监测内容。2001年6月，水利部发布了《大坝安全自动监测系统设备基本技术条件》（SL 268—2001），并于2001年12月实施。这是我国大坝安全监测领域中对监测数据采集系统的第一个行业标准。从此大坝安全监测数据采集系统将逐步走上标准化、规范化的发展轨道。此外，《大坝安全监测自动化技术规范》（DL/T 5211）已从2005年6月1日开始实施。《大坝安全监测系统验收规范》（GB/T 22385）已于2009年8月1日实施。

《混凝土坝监测仪器系列型谱》（DL 948）、各类监测仪器专项标准《大坝监测仪器》[如（GB/T 3408—2008）、《大坝监测仪器 沉降仪》（GB/T 21440.1—2008）等]、《大坝安全监测系统验收标准》（GB/T 22385）、《大坝安全监测仪器检验测试规程》（SL 530）、《大坝安全监测仪器安装标准》（SL 531）相继实施。

## 1.4　主要内容

2013 年以来，山西省河道与水库技术中心、山西省西山提黄灌溉工程建设管理中心和山西天宝信息科技有限公司等部门组成的水库大坝安全管理研究团队，从水库大坝安全监测管理的现状出发，以管理者角度分析和总结政策环境，提出大坝安全监测管理的主要要求，建立省域大坝安全自动监测综合体系，在水库大坝安全监测集成化和统一平台建设方面进行了大胆尝试，积累了宝贵经验，为山西省下一步作好大坝安全监测管理工作创造了条件。本书的主要研究目标内容包括：

（1）收集当前我国有关水库大坝安全监测相关法律法规、部门规章及规范性文件、技术标准，梳理和了解其贯彻和执行现状，结合目前国外大坝安全监测技术的发展，分析其相关关系和存在的主要问题，提出相关建议，为国家有关部门修订和完善相关政策法规提供参考。

（2）调研和分析目前我国水库大坝安全监测管理的现状，省域以山西省为代表，总结大坝安全监测管理中常见的主要问题，提出大坝安全监测管理的主要要求和建议，为大坝主管单位、管理单位和相关单位做好大坝安全监测管理工作奠定基础。同时，根据大坝安全监测中常见技术问题和水库运行管理督查的工作要求，提出大坝安全监测的技术要点，为推进水库运行管理督查工作的深化提供参考。

（3）系统分析水库大坝安全自动监测综合体系结构，确立省域水库大坝安全监测系统建设目标和任务，主要论述信息网络和监测站点等工程基础设施应用技术，系统总结数据汇集共享平台内涵，对国内最新的大坝安全监测应用系统功能架构进行了有益探索，以当前工程管理实践为基础，提出工程运行维护保障体系的要求。

（4）根据大坝安全监测资料分析步骤，主要介绍比较法、作图法、特征值统计法、数学模型法等常用分析方法，按照不同坝型分类，分别以混凝土坝和土石坝为例分析其变形、渗流监测项目资料。

# 2

# 大坝安全监测法律法规及技术标准分析

近年来，各级政府部门高度重视水库大坝安全管理工作，该领域发展步入了新的历史阶段，有关法规及规章等相继发布。本章主要介绍水库大坝安全监测方面法律、规章和规范性文件以及技术标准发展应用情况，并对大坝监测法律法规建设和技术标准进行总体分析评价。

## 2.1 法律法规

大坝安全作为重要的社会公共安全问题，需用法律和法规来明确有关各方的责任和权利。20 世纪 80 年代以来，《中华人民共和国水法》颁布施行，以及《中华人民共和国安全生产法》《中华人民共和国防洪法》《中华人民共和国防汛条例》等法律法规的相继出台，使大坝安全管理由以前的行政管理上升至法律层面。

目前，为适应水利行业水库大坝安全监测工作，提出明确要求和规定的法规主要有《水库大坝安全管理条例》。该条例适用范围为坝高 15m 以上或库容 100 万 m³ 以上的水库大坝。同时明确规定，大坝包括与大坝安全有关的永久性挡水建筑物以及与其配合运用的泄洪、输水和过船建筑物等。关于水库大坝安全监测工作，条例第十九条规定：大坝管理单位必须按照有关技术标准，对大坝进行安全监测和检查；对监测资料应当及时整理分析，随时掌握大坝运行状况。发现异常现象和不安全因素时，大坝管理单位应当立即报告大坝主管部门，及时采取措施。这里明确水管单位对大坝安全负责，所指的"有关技术标准"是指用于指导大坝安全监测工作的相关规程、规范，如《土石坝安全监测技术规范》（SL 60）、《混凝土坝安全监测技术规范》（SL 601）等。同时规定开展大坝安全监测工作必须做到"及时"和"随时"两项要求。要做到上述两点，必须要求在技术人员配置、仪器设备、专业水平等方面达到一定的标准。2011 年完成对原《水库大坝安全管理条例》修订工作，充分考虑到国内大坝安全监测管理的现状，针对原条例的不足，提出具体措施，加大大坝安全监测管理力度。修订过程中对大坝安全监测做出了"必须"和"应当"的要求，对安全监测提出针对性的措施，使得水库管理者可按要求执行。

近年来随着水利、电力、矿业和林业等各类大坝主管部门的出现，大坝安全监测的监管出现了许多新情况。伴随着物联网、云平台、GPS、以及新型监测仪器和方法等的飞速发展，为新时期开展水库大坝安全监测提供了新的技术条件，今后如何实现大坝安全监测的高效监管尚需要进一步探索完善。

## 2.2 规章和规范性文件

### 2.2.1 水利行业规章和规范性文件

近年来，水利部对大坝安全监测工作非常重视，先后颁（印）发《水库大坝注册登记办法》《水库大坝安全鉴定办法》《关于加强水库安全管理的通知》《小型水库安全管理办法》（水安监〔2010〕200 号）、《水库大坝安全管理应急预案编制导则》等一系列部门规章制度及规范性文件。

《水库大坝注册登记办法》是 1995 年 12 月颁发的规章。本办法规定我国水库按库容分为大、中、小型水库，分属于省、地（市）、县级大坝主管部门分级管理。大坝注册登记按申报、审核、发证程序进行。大坝水库应按规定进行安全鉴定。

《水库大坝安全鉴定办法》于 2003 年 8 月由水利部修订发布，明确规定水库大坝包括永久性挡水建筑物，以及与其配合运用的泄洪、输水和过船等建筑物，事关重大，危险性高，在日常运行管理上必须保证其安全。水库大坝分三个安全等级，鉴定的安全评价包括工程质量评价、大坝运行管理评价、防洪标准复核、大坝结构安全、稳定评价、渗流安全评价、抗震安全复核、金属结构安全评价和大坝安全综合评价等多个方面。

《关于加强水库安全管理的通知》（水建管〔2006〕131 号）要求积极推动水库管理法制化、规范化和现代化，明确提出要加强大坝安全监测、水库通信预警、水雨情测报预报系统等设施建设，增强水库管理和科学调度的手段和能力，不断提高水库管理的信息化和现代化水平，确保水库安全。

《小型水库安全管理办法》（水安监〔2010〕200 号）于 2010 年 5 月由水

利部印发，其主要内容包括总则、管理责任、工程设施、管理措施、应急管理、监督检查、附则，适用于总库容 10 万 m³ 以上、1000 万 m³ 以下（不含）的小型水库安全管理。水库管理单位或管护人员应按照有关规定开展日常巡视检查，重点检查水库水位、渗流和主要建筑物工况等，做好工程安全检查记录、分析、报告和存档等工作。重要小型水库应设置必要的安全监测设施。重要小型水库应建立工程基本情况、建设与改造、运行与维护、检查与观测、安全鉴定、管理制度等技术档案，对存在问题或缺失的资料应查清补齐。其他小型水库应加强技术资料积累与管理。

《水库大坝安全管理应急预案编制导则》（SL/Z 720）于 2015 年由水利部发布实施，主要适用于大、中型水库预案编制。明确预案包括发放对象、编制说明、突发事件及其后果分析、应急组织体系、运行机制、应急保障、宣传、培训与演练等内容。SL/Z 720 规定水库大坝突发事件根据其后果严重程度、可控性、影响范围等因素，分为Ⅰ级（特别重大）、Ⅱ级（重大）、Ⅲ级（较大）和Ⅳ级（一般）四级。水库大坝安全管理应急预案是避免或减少水库大坝发生突发事件，可能造成生命和财产损失而预先制定的方案，是提高社会、公众及大坝运行管理单位应对突发事件能力，降低大坝风险的重要非工程措施，是风险管理理念下的重要制度性文件。SL/Z 720 的发布和实施，将规范和科学指导水库大坝安全管理应急预案编制工作，提高应对水库大坝突发事件能力，切实保障水库大坝安全，防灾减灾及社会、生态效益显著。

从上述分析中可以看出，以上规定仅对大坝监测工作提出了纲领性要求，没有配套的具体落实技术、手段和措施，强制性和可操作性不强，不利于工作顺利开展。

## 2.2.2 电力行业规章和规范性文件

目前，我国电力行业已于 2009 年根据行业特点制定和颁发了《水电站大坝运行安全管理规定》（电监会 3 号令）、《水电站大坝安全注册办法》和《水电站大坝安全定期检查办法》（电监安全〔2005〕24 号）、《水电站大坝安全监测工作管理规定》（国能发安全〔2017〕61 号）、《关于印发〈水电站大坝运行安全信息报送办法〉的通知》（国能安全〔2016〕261 号）、《水电站大坝安全监测工作管理办法》等内容丰富、操作性较强的行业规章及规范性文件。

《水电站大坝运行安全管理规定》（电监会 3 号令）于 2005 年 1 月 1 日起施行，该规定包括安全管理责任、安全检查与评级、安全注册、安全监督管理、附则等内容。

《水电站大坝安全注册办法》和《水电站大坝安全定期检查办法》是由国家电力监管委员会（以下简称电监会）以电监安全〔2005〕24 号文件发布于

2015 年 10 月,是为加强对电力系统水电站大坝运行安全的监督和管理,使水电站大坝的安全注册及安全定期检查工作更加规范化、制度化和标准化,保证水电站大坝安全运行,由电监会根据《水电站大坝运行安全管理规定》组织制定。其中:《水电站大坝安全注册办法》规定电监会大坝安全监察中心(以下简称大坝中心)负责办理大坝安全注册的具体工作。适用于电力系统投入运行的大、中型水电站大坝,小型水电站大坝参照执行。该办法重点对注册程序、注册监管等具体内容进行说明。《水电站大坝安全定期检查办法》主要明确大坝定检的组织、大坝定检的范围、内容与要求,现场检查的流程和要求,以及安全评价与监管的依据等。上述两项法规均具有实质操作性,进一步推动水电站大坝安全管理工作。

《关于印发〈水电站大坝运行安全信息报送办法〉的通知》(国能安全〔2016〕261 号)由国家能源局印发,主要是加强水电站大坝非现场安全监督管理,规范大坝运行安全信息报送行为。该办法明确电力企业是大坝运行安全信息报送的责任主体。明确报送内容及要求,大坝运行安全信息分为日常信息、年度报告、专题报告三类。信息分析和使用由大坝中心承担,并对信息回馈时限进行规定。原国家电力监管委员会《水电站大坝运行安全信息报送办法》(电监安全〔2006〕38 号)同时废止。

《水电站大坝安全监测工作管理办法》于 2017 年由国家能源局修订印发,该办法基于加强水电站大坝安全监测工作,提高水电站大坝运行安全水平,本办法适用于以发电为主、总装机容量 5 万 kW 及以上大、中型水电站大坝的安全监测及其监督管理工作。明确水电站大坝安全监测工作包括监测系统的设计、审查、施工、监理、验收、运行、更新改造和相应的管理等工作。重点约定了设计和施工、运行管理、监测系统的更新改造、监督管理几方面内容。原国家电力监管委员会《水电站大坝安全监测工作管理办法》(电监安全〔2009〕4 号)同时废止。该管理办法紧密结合实际,思路明晰,可操作性较强,已取得了很好的管理效果。

根据以上分析,电力行业重点监测水电站大坝安全,由于行业发展水平差异,水产品公益性较强,而电产品垄断经营且盈利性强,以电监会主抓的大坝安全监测水平更高,推进大坝监测工作力度更大。但不可否认,随着信息化建设力度空前,新产品新技术不断涌现,今后尚需引领该领域潮流,进一步修订和完善规章制度,使之更加科学化、系统化和规范化。

## 2.3 技术标准

与大坝安全监测相关的技术标准按照适用范围可分成六类,分别为大坝安全监测通用标准、专用结构设计标准、大坝安全监测仪器标准、大坝安全自动监测系统标准以及大坝安全监测系统项目管理标准、地方标准。

第一类是大坝安全监测通用标准，包括水库大坝管理、调度运行、安全评价以及安全监测技术规范和资料整编等方面的规范，如水库工程管理设计规范、水库大坝安全评价导则、土石坝和混凝土坝安全监测技术规范，以及安全监测资料整编规程等。

第二类是针对大坝结构设计的专用结构设计规范，其中也有安全监测章节，如《碾压式土石坝设计规范》（SL 274）"10 安全监测设计"、《混凝土重力坝设计规范》《混凝土拱坝设计规范》，以及 2013 年以来制订出台的水库地震监测方面规范要求等。

第三类是大坝安全监测仪器标准，包括仪器生产、安装埋设以及报废标准等，如《大坝监测仪器》系列、《大坝安全监测仪器安装标准》（SL 531）、《大坝安全监测仪器检验测试规程》（SL 530）、《大坝安全监测仪器报废标准》（SL 621）等。

第四类是大坝安全自动监测系统标准，包括自动化系统基本技术条件标准，如《大坝安全自动监测系统设备基本技术条件》（SL 268）等。

第五类是关于大坝安全监测系统项目管理方面的技术标准，如《大坝安全监测系统验收规范》（GB/T 22385）等。

第六类是关于水库大坝安全监测的地方标准，包括《北京市水库工程数据库表结构标准》《重庆市水库大坝安全监测资料整编分析规程》《福建省安全评价报告编制导则》等。

## 2.3.1 大坝安全监测通用标准

水利行业率先于 1996 年颁布《土石坝安全监测资料整编规程》（SL 169），并于 2012 年 6 月施行《土石坝安全监测技术规范》（SL 551），代替《土石坝安全监测技术规范》（SL 60）、《土石坝资料整编规程》（SL 169）以及《土坝观测资料整编办法》（SLJ 701）。SL 551 对监测项目的设置、分类、记录、监测资料及成果进行了规定，修改和完善了土石坝防渗体监测内容、增加了地下洞室监测内容和监测自动化系统一章，将以前三个规范的内容集中到一个规范上，具有使用方便等优点。

电力行业于 2010 年颁布了《土石坝安全监测资料整编规程》（DL/T 5256）、《土石坝安全监测技术规范》（DL/T 5259），前者规定了土石坝安全监测资料整理和整编的基本要求，适用于土石坝巡视检查、环境量、变形、渗流、压力（应力）及温度主要监测项目的资料整理和整编。后者规定了土石坝的安全监测项目布置、仪器设备安装埋设、仪器监测、巡视检查及资料整编分析等要求，适用于 1 级、2 级、3 级土石坝的安全监测工作，4 级、5 级土石坝参照使用。

以往水利行业在混凝土坝安全监测设计中，主要参照电力行业标准 DL/T 5178。该规范对监测项目和测次、监测方法和设施、巡视检查的程序和内容以及监测资料分析方法等进行了规定，与之配套使用的还有《混凝土坝安全监测资料整编规程》（DL/T 5209）等。资料整编规程对基本资料表格的格式、监测记录和计算表格式、监测物理量过程线及相关图例以及监测资料整编表格式进行了说明。

2013 年水利行业正式颁布《混凝土坝安全监测技术规范》（SL 601），该规范主要技术内容有现场检查、环境量监测、变形监测、渗流监测、应力、应变及温度监测、专项监测、监测自动化系统、监测资料的整编与分析以及监测系统运行管理等。在修订过程中，该规范增加了术语及引用标准，增设了地震反应监测及水力学监测等专项监测，增加了监测自动化系统、监测系统运行管理，修订了混凝土坝巡视检查，并将环境量列入正文。

分析上述现有大坝安全监测通用标准，可得出如下结论：

（1）大坝安全监测通用标准的适用范围具有一定的局限性，主要体现在以下四方面：一是对平原水库的适用性不强，由于平原水库存在坝长、坝低和库容大等实际情况，与一般的丘陵和山区水库存在的差异较大，现行通用监测规范具有一定的不适应性；二是规定小型水库参照规范执行，无具体操作细则，给小型水库大坝安全监测工作开展带来一定的困难；三是通用监测技术规范规定了监测范围包括："土石坝的坝体、坝基、坝端和与坝的安全有直接关系的输水建筑物和设备"，但这些建筑物和设备包括的具体内容在规范中没有给出，更没有具体监测方法说明；四是针对大坝各个阶段的侧重点不够突出，如施工期、运行期、除险加固期等各个阶段，安全监测的重点是不同的。

（2）根据坝体材料划分，主要有土坝、砌石坝、混凝土坝和胶凝材料坝等。目前，在水利系统比较多的浆砌石坝尚无专门的通用设计规范，目前浆砌石坝包括重力坝和拱坝，尽管其材料主要是"石"，但如果参照土石坝设计规范进行监测设计就不合适了。

（3）由于大坝安全监测通用标准不可能针对不同的坝型有更详细的分类说明，只能是在共性的基础上进行说明，因此给安全监测工作的实施和管理提出了一定的难度。实际上由于不同的坝型存在不同的破坏形式，在各种因素作用下大坝安全性态的变化有不同的反应，参照通用监测技术规范进行安全监测工作对监测技术人员提出了更高的要求。

## 2.3.2　专用结构设计规范

《碾压式土石坝设计规范》在安全监测设计中给出了安全监测设计的一般

原则和要求，具体包括检测项目设置、仪器选型和系统选型、对施工单位的要求等。类似的标准还有《混凝土重力坝设计规范》（SL 319）以及《混凝土拱坝设计规范》（SL 282）等。从内容上看，专用结构设计规范中对安全监测规定基本是参照"通用设计规范"，没有发挥专用结构设计规范与结构联系紧密的优势，结合具体结构、材料、破坏形式、性态特征等进行安全监测项目和测点布置等的明确规定。总之，目前设计规范中对安全监测的规定与结构本身联系性不强，

已发布的《水库诱发地震监测技术规范》（SL 516）、《水库地震监测技术要求》（GB/T 31077），在水库地震监测的重点地区和监测内容方面，明确水库地震监测的范围、重点区域、监测项目、产出等主要内容及要求，重点考虑适用于水库地震监测常规数据处理的有关技术的应用问题，以及这些技术应用的可能性、对地震监测仪器设备的要求等，以充分发挥水库地震监测台网的效能。

### 2.3.3 大坝安全监测仪器标准

电力行业于 2005 年发布《土石坝监测仪器系列型谱》（DL/T 947），提出了土石坝监测仪器分类为压（应）力监测仪器、变形监测仪器、渗流监测仪器、混凝土应力应变及温度监测仪器、动态监测仪器、测量仪器等，对各类型仪器的测量范围和分辨力等指标进行说明。《混凝土坝监测仪器系列型谱》（DL/T 948），也提出了混凝土坝分为变形监测仪器、渗流监测仪器、应力应变及温度监测仪器、测量仪表及数据采集装置等，同时对各类型设备技术指标进行说明。

2006 年以来，水利行业对大坝观测仪器的产品结构、规格参数等进行规范，内容涵盖了集线箱、测斜仪、位移计、锚杆测力计、钢筋计（差动电阻式、振弦式）、沉降仪（水管式、电磁式、液压式）、应变计（差动电阻式、振弦式）、测缝计、垂线坐标仪、引张线仪、检测仪、孔隙水压力计以及埋入式铜电阻温度计等监测仪器。例如：《大坝监测仪器 应变计 第 1 部分：差动电阻式应变计仪器专用标准》（GB/T 3408.1），主要规定了差动电阻式应变计的产品结构、规格参数、技术要求、试验方法、检验规则、标志、使用说明书以及包装、运输、储存等。该类型的仪器标准主要是为仪器厂商提供要求，同时也为仪器选型提供了参考。

电力行业也发布了差动电阻式锚索测力计、应力计、光电式（CCD）静力水准仪、电缆的技术参数方面规范，并于 2013 年出台《差动电阻式监测仪器、钢弦式监测仪器鉴定技术规程》。

2013 年以来，为了规范大坝安全监测仪器的安装与管理，相继出台《大

坝安全监测仪器安装标准》（SL 531）、《大坝安全监测仪器检验测试规程》（SL 530）、《大坝安全监测仪器报废标准》（SL 621）。其中：

《大坝安全监测仪器安装标准》（SL 531）包括变形监测仪器安装、渗流监测仪器安装，力、应力应变、压力及温度监测仪器安装、环境量监测仪器安装、电缆连接及保护、监测仪器安装管理等，并附有各类型仪器安装考评表、大坝安全监测仪器分部验收专家现场检查表等。

《大坝安全监测仪器检验测试规程》（SL 530）适用于现场安装埋设前的大坝安全监测仪器（传感器）的实验室第三方检验测试。用于大坝安全监测的仪器应满足本标准的要求，其他水利工程的安全监测仪器安装埋设前的检验测试可参照执行。

《大坝安全监测仪器报废标准》（SL 531）是为了规范和指导不能正常发挥监测作用的监测仪器的报废工作，规定了监测仪器与设施、信号接收仪器（仪表）报废条件，仪器报废处理等。

### 2.3.4 大坝安全自动监测系统技术标准

电力行业水电站大坝安全管理信息化建设至今经历了三个阶段：第一阶段，大坝安全监测系统进行自动化改造的同时，开始安装监测信息管理系统，主要是为了自动化数据的采集和存储，同时提供管理自动化监测数据的功能，包括查询数据和绘制图表；第二阶段，2006 年原电监会颁布了《水电站大坝运行安全信息报送办法》并制订了《水电站大坝运行安全信息化建设规划》，推动了电力行业大坝安全信息化建设，至 2010 年，近 100 座电站建设了大坝安全监测信息系统，通过系统实现自动报送监测信息，其特点是将水情数据导入系统、及时录入人工数据、用系统完成资料整编等；第三阶段，从 2011 年开始，特别是下辖多个水电站的水电企业开始考虑集中管理模式的创新，由此提出水电站群大坝安全集中管理平台的建设，其主要特征是从监测数据管理向大坝安全管理转变。

近十年来，大坝安全管理信息化技术已发展成熟，行业内对其的认识也已逐渐趋于统一，制订标准有着充分的必要性和可行性。随着大坝安全自动监测系统的建设，相关技术规范得到补充完善，水利行业发布《大坝安全自动监测系统设备基本技术条件》（SL 268）。电力行业制订标准工作成效更为显著，已颁布了《大坝安全监测自动化技术规范》（DL/T 5211）、《大坝安全监测数据自动采集装置》（DL/T 1134）、《大坝安全监测自动化系统通信规约》（DL/T 324）、《大坝安全监测数据库表结构及标识符标准》（DL/T 1321）、《水电站大坝运行安全管理信息系统技术规范》（DL/T 1754）。其中：

《大坝安全自动监测系统设备基本技术条件》（SL 268）作为大坝安全自动

检测系统中各类仪器和设备进行单一产品标准编制的主要依据，对系统设备的技术要求、试验方法、检验规则、标志、使用说明书、包装、运输、贮存等进行规定，作为仪器设备生产厂家必须遵循的行为规范。针对大坝安全监测管理而言，目前上述规范与水工结构具体联系尚缺乏有效的分析，对于其中有些参数的规定的依据需要进行适当的论证。

目前水利系统尚无大坝安全监测自动化技术规范，电力系统于2005年颁布了《大坝安全监测自动化技术规范》（DL/T 5211），规定大坝安全监测自动化系统的设计、系统的功能和性能要求、系统设备的检验方法和检验规则、系统设备的包装储运要求、系统安装调试、系统验收及运行维护要求等的基础上，结合当前技术发展趋势进行完善。对水电水利Ⅰ、Ⅱ、Ⅲ等工程安全监测自动化系统建设起到积极推动作用。

《大坝安全监测数据自动采集装置》（DL/T 1134）是应我国大坝安全监测专业发展的需要，以及大坝安全监测自动采集装置的设计、生产制造、检验测试、选用的要求编制，主要规定了大坝安全监测数据自动采集装置的结构及组成、基本功能、主要技术指标、试验方法、检验规则和标志、包装、运输、贮存的要求。

《大坝安全监测自动化系统通信规约》（DL/T 324）规定了大坝安全监测自动化系统所采用的通信接口、网路传输、通用命令集。适用于应用RS485接口或其他标准的通信接口，采用点—多点总数结构、主—从查询工作方式组网的大坝安全监测自动化系统设备之间的数据通信。

《大坝安全监测数据库表结构及标识符标准》（DL/T 1321）规定了大坝安全监测数据库表结构以及大坝安全监测数据库对象标识符的命名规则，标准适用于大坝安全监测数据库表结构和标识符命名。

《水电站大坝运行安全管理信息系统技术规范》（DL/T 1754）于2018年3月正式实施，规定了水电站大坝运行安全管理信息系统的技术要求，适用于水电站大坝运行安全管理信息系统的设计、建设、验收和运行。该规范明确系统信息包括基本信息、日常监测信息、管理信息，以及对应主要内容。同时规定了基本功能应包括信息录入、计算和检查、查询和统计、图形绘制、表格制作、资料整编、数据交换、日志管理、文档管理、仪器属性与台账管理、巡检管理等功能，并对系统主要技术要求、安全性与适应性，系统运行维护等进行说明。

## 2.3.5　大坝安全监测系统项目管理规范

目前，大坝安全监测系统项目管理规范主要有施工监理规范、验收规范和运行维护规程。

《大坝安全监测系统施工监理规范》（DL/T 5385）是为了进一步明确大坝安全监测系统施工监理的工作内容、程序、工作方法与要求，以质量、进度及投资控制为基本内容。规定了大坝监测系统施工监理的基本要求，包括对监理机构和监理人员的要求，工程质量、进度和投资的控制，以及合同管理和工程验收的内容等。适用于大、中型水电水利工程1级、2级、3级建筑物，地下工程及对大坝安全有重大影响的坝区边坡和其他与大坝安全有关建筑物的安全监测系统的施工监理。

《大坝安全监测系统验收规范》（GB/T 22385）主要适用于对Ⅰ级、Ⅱ级、Ⅲ级和70m以上高坝和监测系统复杂的中低坝的安全监测系统验收。规范将大坝安全监测系统验收分成分部工程验收、阶段验收和竣工验收三个阶段。从各个监测项目、安装调试、资料整理整编分析、文件格式、抽样方法等对大坝安全监测系统验收进行了规定。优点是规定的可操作比较强，缺点是规定的指标的经验性比较强，缺乏相应的补充说明。不足方面，该验收规范没有同具体工程等级（风险）、工程结构、机构人员、经费等方面进行规定，同时对资料整编分析方法和深度也没有进行明确的说明，这些都导致随意性比较大，从而加大了验收过程中的人为因素。

《大坝安全监测系统运行维护规程》（DL/T 1558）规定了大坝安全监测系统运行维护工作的技术要求。详细规定了监测系统运行方面环境量监测、变形监测、渗流监测、应力应变及温度等监测、监测自动化系统、监测资料的整编和分析，监测系统维护方面环境量监测设施、变形监测设施、渗流监测设施、应力应变及温度等监测设施、监测自动化系统的维护工作要求。

在大坝安全监测系统评价方面，《大坝安全监测系统鉴定技术规范》（SL 766）主要通过现场检查和资料考证，考虑工程特点和实际需要，基于监测设施的可靠性和完备性评价评价其能否满足大坝安全监控需求。这为大坝安全监测系统的鉴定评价提供了依据。最近瑞士则从另外的角度提出了一系列新的做法，主要着眼于防范大坝全生命周期中可能的失事风险，查找大坝监测的三阶段〔L1：逐日、周或月对已完成的巡视检查与监测进行的定期审核，由现场人员完成；L2：逐周或月对现场人员完成的审查进行监督或每1～2年对大坝性态进行评价，由高级专业技术人员完成；L3：对高坝每5～10年（低坝视需要而定）进行大坝安全评估，包括大坝及基础的全面检查、大坝性态评价与失效模式分析、设计与施工复核等，需要时还进行稳定性、泄流能力、抗震安全性复核等〕的全部活动的各环节中的弱点与不足，加强人员培训与能力建设，提升组织管理水平，筑牢三道防线。瑞士的做法日常工作量比较大，对于管理要求比较高，这也是水库安全监测管理的重要发展方向。

与监测系统管理相配套的还有《大坝安全监测仪器报废标准》（SL 621）。

该标准给出仪器报废的有关定量指标和流程，对于大坝安全监测系统的管理也具有十分重要的意义。

### 2.3.6　水库大坝安全监测管理地方标准

地方标准是国家标准体系有机组成部分，目前关于水库大坝安全管理方面地方标准较少，检索"全国标准信息公共服务平台"，现有北京、重庆和福建3个省（直辖市）的地方标准颁布施行。

《水利工程数据库表结构　第3部分：水库》（DB11/T 306.3）由北京市水务局编写，规定了水库数据库的表、字段名、数据类型与长度和数据字典等。主要适用于水库数据库的开发建设。

《水库大坝安全监测资料整编分析规程》（DB50/T 746）由重庆市水利局编写，主要适用于已建水利水电工程5级及以上的混凝土坝、土石坝的运行期安全监测资料整编分析，其他时段以及其他坝型可参照执行。

《小（2）型水库大坝（坝高15m以下）安全评价报告编制导则》（DB35/T 1582）由福建省水利厅编写，规定了福建省小（2）型水库大坝安全评价报告编制的总则、概述、现场安全检查及工程地质勘察、防洪标准复核、渗流安全评价、结构安全评价及大坝安全综合评价。适用于坝高15m以下（不含15m）福建省内小（2）型水库大坝安全评价报告的编制。

## 2.4　总体评价

从上述分析中可以看出，我国在大坝监测法律法规建设和技术标准制订做了大量工作，取得了很大进展，对大坝监测工作在设计、施工、运行等方面起到了很好的指导和推动作用，也对促进大坝安全监测工作的正常开展做出了重要贡献，但随着社会和科学技术的不断发展，也发现仍有一些问题值得研究和解决，主要体现在以下两方面：

1. 亟待完善相关法律、法规、规章和规范性文件

从前文可知，《中华人民共和国水法》《中华人民共和国防洪法》等法律已对大坝安全运行管理提出了明确的要求，《水库大坝安全管理条例》对大坝安全监测方面已经给出明确的纲领性规定，但是针对水利行业尚缺乏相关实施细则和管理办法，没有配套的具体落实措施、技术和手段，强制性和可操作性不强，不利于工作顺利开展。为此，建议水利行业尽快出台相关制度，从各个环节对大坝安全监测工作做出相应规定，确保大坝安全监测工作有序推进和不断深化。

2. 进一步完善相关技术标准

在技术标准方面，目前技术标准比较多，运行管理人员掌握起来比较困

难，需要进行规范梳理工作，特别是目前有一些技术规范出现大量重复问题，相关规范梳理的目的就是找出各规范之间的关系，避免不必要的重复。采用不同标准分类的方法，规定各类标准的主要内容，既体现各类标准的特色，又充分体现相互之间的衔接。

大坝安全监测通用标准应给出安全监测的一般过程、方法、关键环节等，具体包括监测项目分类、各类监测方法特征分析、监测仪器选型、监测精度要求和监测资料整理整编过程等。通用标准应给出与大坝的安全有直接关系的输水建筑物类型和设备主要名称和内容，同时给出这些建筑物和设备的具体监测项目和监测方法。增加有关浆砌石坝和平原水库大坝的通用监测技术规范，同时将基于风险分析的理念引入大坝安全监测规范，以与国际上的基于风险管理的发展趋势相适应。

专用结构设计规范对监测的规定应该充分发挥其"结构"和计算优势，将监测同具体结构特征结合起来，如重力坝失效和拱坝失效具有明显的不同。专用设计结构设计规范应结合具体结构给出监测子项目设置、测点布置、监测重点、针对性的监测精度要求和监测数据分析评价的子项目和具体评价指标，从而将监测同检验设计、校核安全结合起来。

监测仪器和自动化规范相对水库运行管理人员（主要是水利管理专业）而言比较陌生，因此应该编制相应的标准辅助说明，给出监测仪器适用环境和建筑物的类型。自动监测技术规范应以提高系统可靠性为前提，确保监测自动化系统能取代人工监测，通过自动监测系统选型、布置、电源设计、通信设计、配套设备选型、系统安装调试、电磁兼容性设计等方面功能要求、性能要求和施工要求等合理规定，从而达到这一目标。

验收标准和规范突出各个环节的大坝安全监测的验收，适当补充资料整编分析方法和内容、人员配置和经费落实措施的验收，因为这也是监测系统工程的有机组成。

# 3

# 水库大坝安全监测管理现状评述

　　根据当前全国水库大坝安全管理新形势，结合总基调对水库运行管理的要求，为全面了解全省水库大坝安全监测设施建设与运行状况，摸清当前水库大坝安全监测工作面临的困难和问题，山西省水利厅开展了全省水库大坝安全监测设施建设与运行现状调查。通过对函调资料统计和现场调研等手段，分析了全省水库大坝管理情况、水库大坝安全监测情况、技术人员、专项经费情况，指出了存在的主要问题。

## 3.1　水库大坝安全管理新形势和要求

　　2017 年 11 月，水利部组织开展全国水库大坝安全隐患排查，研究制定进一步加强水库安全管理的意见，对责任制、注册登记、安全鉴定和调度运用、安全监测、日常管理、维修养护等工作提出具体要求。

　　2018 年 5 月，国家防总召开全国水库安全度汛视频会议。对水库特别是小型水库度汛工作提出要求：把水库安全度汛作为重中之重，把小水库安全作为关键要害，坚持问题导向，进一步找准风险隐患，以务实的精神、务实的作风、务实的措施，抓好今年水库安全度汛工作，力争不垮坝，确保不死人。要求做到：

　　一是确保所有水库具有运行调度方案。没有运行调度方案的水库要因地制宜，实用为主，按要求逐库制定运行调度方案；已有运行调度方案的要抓紧时间梳理完善，着力提高方案的针对性、实用性和可操作性；要做好运行调度方案的模拟演练，达到检验方案、完善准备、锻炼队伍的作用，提高防洪运行调度能力。

二是确保所有水库具有抢险应急预案。要全力做好水库抢险应急预案编制工作，决不允许任何一个水库没有抢险应急预案，按期分级负责，全部编制完成，切实落实水库遭遇不同量级洪水突发事件时的防洪抢险调度和险情抢护措施，力保水库工程安全，确保下游人民群众生命安全，最大程度减少洪水灾害损失。

三是确保所有水库责任人员落实到位。要逐库落实好水库安全度汛行政责任人、技术责任人和巡查责任人，这是确保水库安全度汛的要害措施。按期所有水库要全部完成责任人落实。

2019 年 3 月，水利部召开水库安全度汛视频会议，再次对水库特别是小型水库度汛工作提出要求：把水库风险当作最大的风险，把水库安全度汛作为最重要的工作，坚持问题导向，抓住问题要害，认清形势，针对去年找问题，针对问题上措施，针对措施讲问责，全力以赴确保水库安全度汛。

## 3.2 总基调对水库运行管理的要求

### 3.2.1 新时代对水利工程安全提出更高要求

水库大坝安全直接关系经济社会发展和人民群众生命财产安全，随着经济社会发展，水利工程安全涉及的人口数量、重要基础设施规模和经济总量大幅增加，一旦失事损失巨大，容不得半点疏忽。

总之，确保水库大坝安全运行是运行管理的核心和落脚点，是水利工作补短板强监管的重要目标，必须牢固树立以人民为中心的发展思想，坚持以人为本，将保障人民生命财产安全放在首位，将水库大坝运行管理作为补短板强监管的一项重要内容，切实加强工程运行管理，努力提高管理水平，确保安全运行。

### 3.2.2 水利工程补短板对运行管理提出更高要求

保证水库大坝安全运行，需要摸清工程底数，掌握安全状况，及时发现并消除隐患。目前，水库基础信息数据库尚不完善，近一半水库未能正常开展大坝安全鉴定，安全监测设施不完善，自动化、信息化程度低，且对安全监测数据的分析和评价不充分，工程安全状况未能全面掌握，这是水库运行管理的重要短板。

落实水利工程补短板的要求，必须抓紧摸清工程底数，健全基础信息，把工程管理的基础打牢；同时要将大坝安全鉴定制度作为强制性制度严格执行，定期开展安全鉴定和安全评价，在科学判定工程安全状况的基础上，科学制定调度运用方案，及时实施除险加固、降等报废，及时消除安全隐患。

### 3.2.3　水利行业强监管对运行管理提出更高要求

健全的制度标准体系是规范水库运行管理行为的重要基础，也是开展运行管理监管的重要依据。我国水库数量多，地域跨度广，管理要求差异大，对制度标准体系要求高。现行水利工程管理制度标准体系不健全，特别是小型水库，制度适用性差、操作性不强，导致监管工作依据不充分，难以满足强监管的要求。

落实水利行业强监管的要求，必须抓紧健全和完善小型水库运行管理制度标准体系，把制度执行落实纳入监管的重要内容，常态化地开展督查工作，切实抓好督查发现问题整改，让强监管在运行管理领域落地生根。

### 3.2.4　全面深化改革对管理体制机制提出更高要求

小型水库大多由乡镇、村组管理，没有专门管理机构，经费不落实、人员力量薄弱、维修养护缺失等问题普遍存在，管理体制不顺、机制不活是小型水库运行管理的突出短板和薄弱环节。

大多数水库都承担着公益性任务，造血能力不足，必须将深化管理体制改革作为运行管理补短板的一个重要手段，明晰工程产权，明确管护主体和责任，建立科学的管理体制和良性运行机制，激发产权所有者管好用好水利工程的积极性和主动性，落实管理机构和专门管理人员，建立稳定的经费渠道，实施专业化、社会化的工程管理和正常的维修养护。

### 3.2.5　信息科技快速发展助力水利工程管理现代化

信息技术发展日新月异，利用信息化手段，提升管理效率和监管效能是水利工程管理现代化的必然途径。目前，水库运行管理信息化建设总体滞后，信息感知、大数据、人工智能等信息技术发展迅速，为运行管理提档升级创造了条件。

必须将运行管理信息化建设作为补短板强监管的重要手段，加快新技术的推广应用，强化信息技术与工程管理的深度融合，完善水雨情监测和大坝安全监测系统，建设运行管理信息平台，提高水利工程运行管理、监测预警和安全监管能力，提升现代化管理水平。

## 3.3　山西省水库大坝管理现状

### 3.3.1　全省水库大坝管理情况

经过多年的建设，山西省水库大坝工程遍及全境。截至 2017 年年底，山西省除外系统管理的 5 座外，归水利系统管辖的水库共 605 座，总库容 58.20 亿 m³。其中：大型水库 9 座（不含万家寨、龙口），总库容 27.72 亿 m³；中型水库 69 座（不含天桥），总库容 21.28 亿 m³；按照水库库容分类，大型水库库容占比最高，达到 47.62%，依次递减分别为：中型水库 36.56%，小（1）型水库 114.15%，小（2）型水库 1.67%。全省大中型水库库容占全省总库容约 84%，是水资源调配的主要来源。小（1）型水库 258 座，总库容 8.24 亿 m³，小（2）型水库 269 座，总库容 0.97 亿 m³。上述水库在防洪、灌溉、发电、城乡供水、水产养殖、旅游，以及改善生态环境等方面发挥了巨大作用。

山西已建水库情况见表 3-1。

表 3-1　　　　　　　　　　山西省已建水库情况表

| 单位名称 | 水库数量/座 | | | | 库容/万 m³ | | | | |
|---|---|---|---|---|---|---|---|---|---|
| | 全省 | 大型 | 中型 | 小（1）型 | 小（2）型 | 全省 | 大型 | 中型 | 小（1）型 | 小（2）型 |
| 山西 | 605 | 9 | 69 | 258 | 269 | 582021 | 277167 | 212796 | 82366 | 9692 |
| 黄河流域 | 350 | 5 | 34 | 154 | 157 | 318639 | 147837 | 114939 | 49758 | 6105 |
| 海河流域 | 255 | 4 | 35 | 104 | 112 | 263382 | 129330 | 97857 | 32608 | 3587 |
| 太原市 | 17 | 2 | | 11 | 4 | 89924 | 86600 | | 3154 | 170 |
| 大同市 | 62 | 1 | 5 | 17 | 39 | 79793 | 58000 | 15225 | 5221 | 1347 |
| 阳泉市 | 22 | | 2 | 9 | 11 | 7467 | | 4320 | 2919 | 228 |
| 长治市 | 82 | 3 | 8 | 39 | 32 | 106740 | 71330 | 21668 | 12609 | 1133 |
| 晋城市 | 95 | 1 | 7 | 37 | 50 | 73135 | 39400 | 19573 | 12137 | 2025 |
| 朔州市 | 29 | | 7 | 11 | 11 | 24700 | | 19338 | 4918 | 444 |
| 晋中市 | 65 | | 13 | 24 | 28 | 59438 | | 50124 | 8362 | 952 |
| 运城市 | 96 | | 4 | 39 | 53 | 19015 | | 8717 | 8569 | 1730 |
| 忻州市 | 48 | | 8 | 31 | 9 | 23590 | | 13894 | 9462 | 234 |
| 临汾市 | 58 | | 8 | 22 | 28 | 46345 | | 38959 | 6243 | 1143 |
| 吕梁市 | 31 | 2 | 7 | 18 | 4 | 51874 | 21837 | 20978 | 8772 | 287 |

注　数据源自《山西省水利统计年鉴》（2017）。

由表 3-1 可知，从水库分布情况分析，运城、晋城、长治 3 市的水库数量较多。大型水库主要在长治、太原、吕梁、大同、晋城 5 市，中型水库数量晋中市最多。

按照筑坝材料分类，全省 605 座水库中，土坝占比近 80%，依次递减分别为浆砌石坝、堆石坝、混凝土坝。全省土坝是最普遍的坝型，是今后研究的主要方向。

按照水库大坝建设时间分析，水库建设高潮集中在 1950—1979 年，近九成水库兴建于这一时期，基本奠定了山西省水库格局（见图 3-1）。

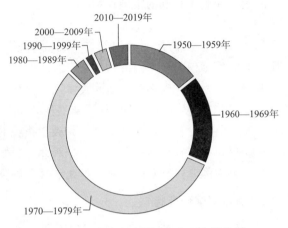

图 3-1　山西省不同时期水库建设情况

## 3.3.2　水库大坝安全监测情况分析

近年来，山西省各级水库管理部门严格履行监督管理职能，水管单位具体负责大坝安全管理。本节主要介绍了水库主管部门规章制度建立及执行情况、监督检查开展情况、人才培养情况方面内容，从日常监测工作、设施技术、配套设施、更新改造入手，对大坝安全管理进行系统评价，探讨了水库大坝安全管理现状，同时从技术人员队伍建设、专项经费落实等角度，分析了水库大坝安全监测存在的主要问题。

### 3.3.2.1　主管部门监督管理现状

1. 规章制度建立及执行情况

根据《水库大坝安全管理条例》，山西省制订了相应的规章制度，如《水库定期检查制度》《山西省人民政府办公厅关于加强水库安全工作的意见》《山西省水库运行管理规定（试行）》以及《山西省水库大坝年度安全检查管理办法（试行）》等。

从颁布的规章制度来看，主要针对水库大坝安全管理，其中涉及一些大坝安全监测的内容，并未专门制订有关大坝安全监测方面的规章制度，仅在其他指导性制度中粗略提及，缺乏针对大坝安全监测系统化、专业化和规范化的规章制度，大坝安全监测的监督内容、监管机制和监管模式等仍需进一步完善。

2. 监督检查开展情况

随着水库大坝安全管理工作的不断深入，山西逐步建立了安全监督管理体制，加大了监督检查力度，定期组织水库防汛安全监督检查、水库运行管理督查、安全生产监督检查等各类监督检查工作。这些监督检查对促进水库大坝安全监测的规范化和制度化起到了很好的推动作用。

3. 人才培养情况

水库大坝安全监测工作涉及的专业面比较广，需要具备水工、测量、地质、电子学和计算机等方面知识，是一门综合学科。

目前，各地普遍未建立系统的大坝安全监测技术人员的培养机制，缺少技术人员培养途径，主要是依靠水利部和省水利厅开展的水利系统相关职工培训，这些对推动大坝安全监测专业化水平的提高，起到了很大的推动作用。但与大坝安全监测工作需要还存在较大的差距，大部分观测人员主要还是依赖工作中不断地积累经验，出现部分较复杂的观测项目无法开展的现象。

### 3.3.2.2 水管单位大坝监测管理现状

近20多年来，随着我国经济水平和科学技术的不断提高，大坝安全监测工作逐步得到重视，进入快速发展阶段。1998年以来，山西省抓住中央大力开展水库除险加固的良好机遇，对一大批水库大坝的原有监测仪器进行了改造和完善，新布设了水库大坝监测设施，并加大了监测自动化系统的建设和升级，监测设施得到不断完善，自动化程度也不断提高。在提高仪器监测水平的同时，各地还逐渐认识到仪器监测有一定局限性，并开展了大坝巡视检查，在很大程度上弥补了仪器监测的不足。不可回避的是，由于技术力量薄弱、经费不足等原因，大坝安全监测工作仍然存在设施落后、维护和更新改造不及时等诸多问题。

1. 日常监测工作

（1）巡视检查。目前，水库大坝的巡视检查主要是通过眼看、耳听、手动、脚踩等直观方法，或辅以锤、钎、钢卷尺等简单工具对工程表面和异常现象进行检查量测。能够较为直观的了解和掌握水库大坝安全状况，尤其对险情能及早发现和掌握，以便及时采取措施。同时，巡视检查对专业知识要求不高，大部分水管单位职工经过简单培训即可开展工作。

1）大中型水库。目前，山西省大型水库大坝安全监测相对投入比较大，巡视检查线路和记录整理都比较到位，如汾河水库、汾河二库、张峰水库等，仍有些大中型水库情况却不太理想。根据对水库运行管理调查，基本上所有大中型水库都开展了日常巡视检查工作，大部分水管单位也制订了相应的巡视检查制度，对具体检查方法和检查内容做出了要求。

2）小型水库。根据调查反馈情况来看，目前有些小型水库隶属村镇管理，管理模式较为粗放，基本处于松散管理的状态，其巡视检查制度、组织、资料和分析情况等都设置比较差，部分小型水库基本未开展巡视检查，也无相应的巡视检查配套监测仪器、规章制度和记录表格。经分析，目前小型水库的巡视检查大致分为以下两种情况：一是有些小型水库未开展巡视检查工作；二是少部分小型水库有管理房和管理人员，不定期（一般是结合防汛检查等工作）对水库大坝进行了巡视检查，未形成定期检查制度。

（2）仪器监测。揭示大坝结构是否安全，一般需要通过日常的人工巡视检查和仪器监测相结合来相互印证加以判断。仪器监测作为水库大坝安全监测工作的主要组成部分，需要在建筑物上布设各类安全监测仪器和设备，用以采集大坝运行的各种性态信息。通过对这些信息的处理和判断，结合巡视检查所提供的情况，对大坝的运行性态及安全状况做出较为客观的评价。

1）大中型水库。目前大中型水库均不同程度的利用观测设施和观测仪器开展了大坝安全监测工作，监测项目主要包括变形监测（主要包括沉陷和水平位移等）、渗透监测（主要包括测压管水位、渗流量、绕坝渗流等）、水文气象观测（上下游水平、降雨量、温度、大气压等）、压力（应力、应变）观测、水力学观测和水工建筑物裂缝观测等，其中变形和渗流监测最为重要和普遍。

目前，全省大型水库的仪器监测设置和观测开展比较好，部分大型水库如汾河水库、汾河二库、柏叶口水库、张峰水库、漳泽水库、册田水库等水库大坝，都具有监测项目全、仪器设备先进等特点，而且还在观测仪器埋设的基础上，安装了自动化系统，推进自动化建设，基本实现了以信息采集为基础、以网络平台为支撑、以工程安全运行为主体的大坝安全监测系统，为信息管理与决策支持创造了条件。

2）小型水库。小型水库仪器监测普遍存在监测项目不全、监测设施不满足要求、工作较少开展等情况。条件好些的小型水库一般建有水位尺和量水堰，且安全监测主要以人工观测为主，多在日常检查的基础上，实行水位观测和渗漏量观测，少数小型水库配有沉降观测点和简易雨量筒，开展了大坝垂直位移观测和坝前雨量观测。

（3）资料整编分析。为使观测资料成果客观、真实地反映大坝实际变化，更好地服务于大坝安全，需对原始观测数据进行定量分析，建立、完善水工观测资料管理系统，将历史的、现在的各种观测资料全部输进计算机且能进行水工观测资料的数据处理工作，不仅能进行测点位移计算、观测资料整理整编工作，还能进行过程线、相关曲线的点绘和观测成果综合分析及观测信息资料（如历史考证数据、异常记录、设备设施档案等）的处理工作，从而达到需要各类成果资料时，只要打开管理数据库便一目了然，既方便、快速又准确、可靠。但资料整理整编分析工作相对于仪器监测而言难度更大，要求从事相关专业的人具有相应的数学基础和水工结构知识。

1）大中型水库。总体上讲，大中型水库资料整编分析比例仍然很低，大部分水库经进行简单的观测记录和资料收集，未开展整编分析工作。

2）小型水库。小型水库基本未开展资料整编分析工作，基本处于空白状态，仅有个别开展了监测资料的整理和初步分析工作。

2. 设施技术

（1）监测自动化。监测自动化是大坝安全监测的发展趋势，我国大坝安全监测自动化起步较晚，借鉴国外先进经验，主要推行监测资料管理及分析自动化，并进行部分数据采集自动化。目前，在电力系统管理的水库中，自动化程度相对较高，观测数据的传输、监测资料分析和调度系统均建立较好。水利系统管理的水库，由于资金缺乏，自动化程度较低，仅有部分水库实现监测自动化，一般都只实现有限项目的自动化，如测压管监测自动化等，且多数未将资料的收集、分析和调度运用结合起来，以建立高度整合的自动化监测系统。相当数量的水库虽建立了自动化监测系统，但系统稳定性普遍较差，设备损坏率高，无法实现自动化观测，仅仅把自动化观测设施作为应付检查的一种摆设，并未真正发挥作用。

1）大中型水库。经过近些年的水库除险加固建设，水利系统管理的大中型水库监测设施逐步完善，自动化水平不断提高，尤其是在测压管观测、水雨情测报方面自动化程度较高。少数水库大坝安全监测自动化程度较高，一般为科研项目的试点水库或近年新建水库。如汾河水库、汾河二库和柏叶口水库等工程，作为科研试点单位，汾河水库、汾河二库全部实现了变形观测、位移观测、渗流观测、环境量观测等监测项目的自动化。

大部分水库的水位、降雨量、气温观测等水文气象观测项目实现自动化程度较高，部分水库大坝渗流量观测和坝体（基）渗压观测可以实现自动化，极少数水库大坝的变形观测实现 GPS 自动观测。本书描述的大坝安全监测设施自动化的评论标准为水文气象和渗流监测实现自动化即为自动化监测。

从水库运行管理调查来看，多数中型水库安全监测仍采用人工观测，尚未建成自动化监测系统，很难保证在恶劣条件下数据采集的及时可靠。已建成的监测设施中，有的设施精度低、可靠性差；有的监测系统布置不合理，缺少某些必要的监测项目；有的甚至是因为施工期间或移交前期管理混乱，对设施的保护不够，造成人为的意外破坏或损坏。少数大型水库除监测仪器存在以上问题外，在自动化监测系统建成后，因规划不周、仪器稳定性差及防雷系统布设不合理等原因，建成后不足设计使用年限就造成数据自动采集系统瘫痪，无法正常开展监测工作。此外，各管理单位使用的自动化监测软件的兼容性不强，监测软件版本较多，操作使用方式不一，管理维护成本高，统筹难度大，加之软件系统更新换代速度快，建成后的大坝安全监测系统也难能与市场同步升级。

2）小型水库。小型水库大多没有建立了相对完整的监测系统，实现自动化监测的更少。调查发现，小型水库中无一座实现自动化监测。即使有个别小型水库实现部分监测项目自动化，其系统的可靠性、维护的有效性、监测数据的可用性还存在许多问题。

从现场调研的情况来说，影响自动监测系统的可靠性主要来自系统防雷能力和维护水平的高低，许多水管单位对自动化系统还不能做到熟练维护和维修，出现问题总是求助于仪器厂商。同时在自动化市场方面，还存在一些恶性竞争和低价销售等问题，实际上这不利于厂商获取合理利润，以提高系统工程质量和服务质量，最终影响到自动监测技术水平的提高以及在水库大坝安全监测中的推广应用。因此针对大坝安全监测制订相应的定额标准，对工程质量方面进行规范化是必要的。

（2）运行与维护。

1）运行。

a. 大中型水库。运行管理包括运行管理制度和运行人员，调查发现有的大中型水库存在大坝安全监测系统运行管理不到位情况，这方面多由于经费不到位，或缺乏专业人才。有些水库的外部变形监测委托给相关单位完成。

b. 小型水库。相对于大中型水库大坝，大多小型水库未配备专业大坝安全监测人员，同时监测制度、经费存在相当大的问题。

2）维护维修。维护维修是指安全监测人员在相应制度下对监测系统进行定期维护、故障检测和维修恢复过程。

a. 大中型水库。总体而言，大型水库大坝安全监测系统运行维护比较复杂，对运行维护人员要求比较高。一般情况下，人工监测系统的运行维护主要由本单位职工完成，但负责的维修一般是由仪器厂商负责。也有些水库将维护维修都打包委托外单位完成，实践证明这是一个行之有效的方法，关键是资质审定、经费概算等还有需要进一步明确的地方。

b. 小型水库。小型水库大多没有建立了相对完整的监测系统，因此系统的维护维修工作大都缺乏相应的制度、人员和经费。

3. 配套设施

配套设施是确保大坝监测系统稳定运行的关键，许多水库对监测设施重视和了解程度不够。比较多的情况是土石坝测点未设置测点墩或测点墩高度不够，有些水库测点墩距离其他建筑物的距离不满足要求。另外比较普遍的是量水堰结构、测量水尺安装位置等不到位，同时在进行量水堰测量时，很少有水库进行水温测量。其他监测设施包括垂线的复位误差、引张线的精度等都达不到要求，对于采用三角网进行外部变形测量的情况下，很多水库大坝都没有进行精度论证和网型优化。

4. 更新改造

大坝安全监测系统得更新改造是大坝安全监测系统管理的重要内容，一般情况下都需要经过设计、审查、招标、实施等多个环节。

（1）大中型水库。大型水库的监测系统更新改造一般采用两种方式：一种是单独进行监测系统的更新改造，另一种是结合除险加固工程进行监测系统的更新改造工作。目前大坝监测系统的更新改造在管理过程中存在如下几个方面的问题：首先是设计单位没有相应的安全监测设计经验，使得设计针对性差；由于安全监测相对于土建工程而言，总体费用偏少，因此设计费用也偏少，因此许多设计单位对此不够重视；同时由于安全监测涉及多个专业，全面掌握的人相对也比较少。因此，建立大中型水库大坝安全监测的设计资质、施工资质审查，进行大坝安全监测专项设计、加强监测设计技术审查和施工监理势在必行。

（2）小型水库。由于小型水库安全监测尚无针对性的技术标准，因此在安全监测更新改造时候难度系统也不小，采用批处理方式实现多个小型水库打包监测设计和实施是小型水库更新改造的有效措施。

5. 系统评价

（1）大中型水库。总体而言，大中型水库大坝安全监测存在诸多问题，需要进行全面系统的考核评估并在此基础上进行完善。为此，首先必须建立大坝安全监测系统评估考核体系，给出大坝安全监测系统定量评价指标系统。同时在确保工程质量方面需要建立专项设计、专项审查、施工监理等制度，完善相关参建单位（或部门）的资质认定，这是确保大中型水库大坝安全监测系统达到实际效果的关键。

（2）小型水库。由于受各方面条件的限制，特别是缺乏针对性的技术标准，小型水库水工建筑物的安全监测面临很多问题，编制适合小水库大坝安全监测标准，采用打包管理、打包设计和委托有资质的单位承担相应的日常监测以及承担监测系统工程运行维护是小型水库安全监测可供考虑的思路。

### 3.3.3 技术人员

由于水库工程多地处山区，工作条件和生活条件较为艰苦，经过长期培养、锻炼成长起来的业务骨干纷纷外流，致使大多数管理单位长期存在人员结构不合理、专业人员匮乏、技术素质偏低、管理和责任意识不强等问题。大中型水库管理单位的职工大都具备一定的专业素质，但大多数技术人员多为水工专业出身，仅能进行日常观测和记录工作，很难达到要求的进行资料整编和分析水平。小型水库则无法保证。由于大多数水库管理单位大坝安全监测工作兼职居多，很少设置专职技术岗位。

### 3.3.4　专项经费

根据目前情况来看，大坝安全监测经费主要来源于水库工程维修养护经费，主要用于大坝安全监测设施的维修维护。水利厅直属水库由于存在维修养护经费，加上一定的多种经营，有的水库专项经费欠缺问题尚需要进一步改善。

### 3.3.5　水库大坝安全监测存在的主要问题

山西省水库大坝大多已经运行多年，大坝变形已趋于稳固状态，现有的安全监测设施对揭示水库大坝存在的问题，保证大坝安全运行发挥了一定作用，但是监测项目设置一定程度上仍存在不足，或是设施损坏失效，无法适应山西省水库大坝安全监测管理的最新要求。目前，大坝安全监测系统难以达到实时、高效监测，主要原因包括以下五方面。

1. 监测内容不全

目前，山西省的多数水库大坝或在外部变形监测方面，或在渗流监测方面，或在内部结构监测、环境量监测方面等布设了监测设施，有的采取了人工或者半自动化的监测系统，但不同程度存在测点不足或损坏失效问题，而依据大坝安全监测的国家标准和行业规范要求，必要的监测设施必须保证完善有效，需对损坏失效测点进行恢复，而有的重要大坝或缺失一些重要监测手段如强震动监测，有的还可能需要针对目前社会需要，采取一些必要的辅助手段，如大坝 CT 诊断系统、爆炸物危险品监测、疏散区图像监测和广播系统等监测项目，用于保证和巩固大坝的安全。

2. 监测设施老化，在线监控能力差

由于山西省大多数水库大坝建设时间较早，监测仪器设施老化现象普遍，监测先进性尤其缺乏，有些地域偏远或者埋藏深久的仪器，已经无法跟踪和维修；老一代的仪器由于设计缺陷，导致精度不高，误差偏大；很多仪器经过长年的使用已经老化失效，或者外力、自然等因素毁坏，已无法正常上传监测数据；而且在原监测系统中很多是采用均值和 GPS 相结合的方式测量，甚至人工测量，这样大大降低了监测数据的实时性。综合上述这些情况，现有的水库大坝安全监测在线监控能力差，不仅对水库调度运行可能会造成不良影响，也影响特殊情况下决策的准确性和及时性，不满足现代水库大坝安全监测管理的要求。

3. 监测信息共享困难

可重用性与共享性是信息资源价值优势的突出体现，共享是充分开发和广泛利用信息资源的基础。由于水库大坝安全监测信息化还处于起步阶段，各种信息基础设施与共享机制仍不配套，导致有限的信息资源共享困难。主要表现在：

（1）省市数据不统一，呈现孤岛状态。由于各水库大坝安全监测项目的设计技术水平、任务来源和资金渠道不同，这些监测数据及其应用大多分散建设在各个地区和隶属不同业务部门，呈现条块分割的特征，形成以地域、专业、部门等为边界的信息孤岛。水库安全管理所涉及的各类数据库之间往往缺乏信息共享机制与手段，有些内容还相互重复、甚至互相矛盾。许多应用数据库为解决特定研究或业务应用而建，服务目标单一、相关文档不全，给后续扩展和改造增加了困难，更难以被其他系统调用和共享，导致省市级的信息无法及时的统一，不能全面了解所辖区各水库大坝的运行情况，缺乏对安全监测信息的全面掌控。

（2）标准规范健全滞后，形成数字鸿沟。水库安全监测信息标准规范在最近几年得以完善健全，其与水库大坝建设时期的滞后或不匹配，加上行业内大多数数据库与具体业务处理紧密绑定，服务目标单一，形成已建的多数数据库规范性较差，自成体系。对数据库文档普遍不重视，导致数据库只能在有限范围、有限时段内由少数人员熟悉使用。在共享环境中，这些数据库内的信息内容很难理解，其价值无法判断。客观上形成了难以逾越的数字鸿沟。

（3）共享机制缺乏，产生信息壁垒。由于以信息共享政策法规为主体的信息共享机制还未建立，而各水库大坝安全监测项目的信息系统开发一般都是独立进行的，所以上下游水库的水利信息，监测信息都无法及时共享，对水库的科学决策和安全评估造成了一定的影响。

（4）网络设施不足，阻碍信息交流。在当前水库大坝安全监测行业网络系统等软硬件基础设施还不很完善的条件下，难以构成有效的信息资源共享技术支撑环境，导致信息交流的通道不畅、能力不足、效率不高，安全没有保障，阻碍了信息资源的共享。

4. 缺乏信息化应用

信息开发与应用的基础是信息的共享与水库大坝安全监测业务的数字化。除因信息资源限制导致的应用水平低外，对信息技术在水库大坝安全监测业务应用的研究不充分、大多数水库大坝的数学模型还难以对实际状况做出科学的模拟。各级水库大坝安全监测业务部门低水平重复开发的应用软件功能单一、系统性差、标准化程度低，信息资源开发利用层次较低、成本高、维护困难，不能形成全局性高效、高水平、易维护的应用软件资源。

5. 技术力量薄弱，培养机制不健全

由于水库工程多地处山区，工作条件和生活条件较为艰苦，大多数水库管理单位长期存在着人员结构不合理、专业人员匮乏、技术素质偏低等问题，致使许多水库管理单位出现技术人员仅有进行简单的数据采集，却无能力进行整理和分析。另外，水库管理单位在培养人才、引进人才、保护人才、激励人才等方面普遍存在机制不健全的问题，致使管理队伍不稳定。

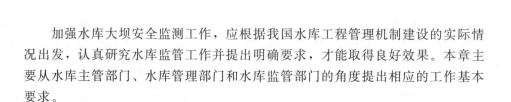

大坝安全监测工作基本要求

加强水库大坝安全监测工作，应根据我国水库工程管理机制建设的实际情况出发，认真研究水库监管工作并提出明确要求，才能取得良好效果。本章主要从水库主管部门、水库管理部门和水库监管部门的角度提出相应的工作基本要求。

## 4.1 水库主管部门的基本要求

水库主管部门作为水库大坝安全管理的水行政监管部门，应继续加强大坝安全管理和安全监测管理体系建设，通过建章立制明确责任，加强监管和考核，加大投入培养专业队伍，进一步规范大坝安全监测工作，掌握大坝安全信息，及时决策和预警，以确保大坝运行安全。

### 4.1.1 规章制度

为使水库大坝安全监测工作规范化、制度化，有章可循，大坝主管部门应该依据《大坝安全管理条例》，根据大坝安全监测发展情况和所辖大坝的运行管理情况，制订相应的安全监测管理制度，包括定期检查监督制度、大坝仪器监测管理制度、监测工程市场准入制度和大坝安全监测专项资质管理制度等，对大坝安全监测管理主体、责任主体、管理内容、市场准入等方面工作进行明确界定，指导水管单位开展水库大坝安全监测工作。各项规章制度应具有针对性、可操作性和有效性。既要管好水库大坝运行管理单位，还需要管好大坝安全监测相关设计、施工和运行管理等与大坝安全监测有关的专业单位。就目前而言，如何建立大坝安全监测工程市场准入制度、资质认定办法和确保水库大坝安全监测系统设计合理是当务之急。

### 4.1.2　监督检查

监督检查是确保各项规章制度切实执行和落实的关键，是全面了解大坝安全监测实际情况的有效手段。根据《水库大坝安全管理条例》第四条规定，各级人民政府及其大坝主管部门对其所管辖的大坝的安全实行行政领导负责制。这意味着水库主管单位应对大坝安全监测系统的工作情况和大坝安全状态以及运行调度等工作负有领导责任和义务，应切实掌握实际情况。监督检查就是要通过有关大坝安全监测设施和数据，了解大坝安全情况，督促水库管理单位提高工作效率，通过大坝安全监测结合运行调度、除险加固等措施有效降低大坝安全风险，充分发挥水库效益。为达到上述目的，水库主管部门应采取定期检查与不定期检查相结合、确定性检查与随机抽查相结合、函调和现场检查相结合、数据统计和内在原因分析相结合、现状评价和整改措施相结合、针对性和有效性相结合、综合检查和专业检查相结合、查找问题与技术指导相结合等多种监督检查方式入手，确保监督检查工作能够深入本质，不流于形式，保证达到发现问题、分析问题和解决问题的目的。

### 4.1.3　人才培养

《水库大坝安全管理条例》第十八条规定，大坝主管部门应当配备具有相应业务水平的大坝安全管理人员。这要求大坝主管部门的大坝安全监测人员须具有相应的安全监测专业水平，应配置以水工结构为主，精密仪器、工程测量、水文地质等专业配套的安全监测队伍，同时保证监测队伍定期参加有关培训，了解国内外安全监测的现状及发展趋势。不仅如此，大坝主管部门还兼有为水库管理部门提供人才培养信息、组织和监督水库管理单位培养安全监测专业人才的责任。为此大坝主管部门应该同国内有关专家和研究机构相互沟通和配合，加强自身业务水平的同时，积极组织下属水管单位参加有关培训和业务竞赛，通过邀请专家指导、参加业务培训、组织劳动竞赛、建立专业人才选拔机制等措施，加强水管单位的人才培养，形成人人争当技术能手的良好氛围。

### 4.1.4　经费落实

水库大坝主管部门具有监督和落实大坝安全监测相关经费的责任。相关经费包括监测设施更新改造、维护维修、检查鉴定、监测技术培训以及监测资料分析评价等费用。水库主管部门应根据有关法规，制订有关经费保证细则并确保落实，在维修养护经费中单独列支大坝安全监测专项经费，实现大坝安全监测经费的专款专用，并检查监督实施情况。

## 4.2 水库管理单位的基本要求

### 4.2.1 日常监测工作

在日常监测工作中，水库管理单位技术人员应熟练掌握大坝安全监测相关法规和技术标准，清楚大坝结构、可能的破坏模式、巡视检查线路、监测仪器的使用方法、监测设施的维护保养和更新改造等。

#### 4.2.1.1 技术人员基本要求

1. 掌握基本概念

熟悉大坝安全监测的基本历史和相关概念是大坝安全监测从业人员的基本要求。从 20 世纪 80 年代中期开始，在水利部和电力部分别组织和指导下，大坝安全监测方面的专家学者总结了我国多年的监测经验，编制了多部监测技术规范，规范都采用"监测"一词，而不再使用"观测"或"原型观测"。采用"大坝"一词，定义泛指"坝体、坝基、坝肩，以及对大坝安全有重大影响的近坝区岸坡和其他与大坝安全有直接关系的建筑物和设备"，这些都和国际大坝会议以及我国水电站运行管理条例的提法一致。上述监测规范都对监测工作的全过程包括监测设计、监测仪器和监测方法、施工埋设、运行管理和资料整编分析等作了统一规定。

目前安全监测规范都不再用"外部观测"和"内部观测"这样的分类方法，而将主要监测项目分为变形监测、渗流监测、应力（压力）、应变及温度监测、环境监测等大类。熟悉水工结构、工程测量、传感器、土力学、渗流力学、弹性力学等基础知识，是做好大坝安全监测的基础。

2. 熟悉监测项目设置依据

根据《混凝土大坝安全监测技术规范》（SL 601）和《土石坝安全监测技术规范》（SL 551），巡视检查对各级大坝都必须进行，而仪器监测项目将根据工程等级进行确定。其中，工程等级应根据工程重要性和效益等参数分成不同等级。按照《枢纽工程等级划分》规定，水库大坝按总库容分成一到五等，分别对应大（1）型、大（2）型、中型、小（1）型、小（2）型，主要建筑物分别对应 1 级、2 级、3 级、4 级和 5 级建筑物。

水工建筑物级别根据表 4-1 和以下三项原则确定：①仅有单一用途的水

工建筑物，只根据该项用途所属的等别确定其级别；②同时具有几种用途的水工建筑物，应根据其中所属的最高等别确定其级别，例如，对于河床式厂房，应按库容和装机容量，根据所属最高的等别确定其级别；③位于江河大堤上的水工建筑物级别，应不低于该大堤级别。

表 4-1                                       水工建筑物的级别表

| 工 程 等 别 | 永久性建筑物级别 | | 临时性建筑物级别 |
|---|---|---|---|
| | 主要建筑物 | 次要建筑物 | |
| 一 | 1 | 3 | 4 |
| 二 | 2 | 3 | 4 |
| 三 | 3 | 4 | 5 |
| 四 | 4 | 5 | 5 |
| 五 | 5 | 5 | |

**注** 永久性建筑物系指枢纽运行期间使用的建筑物。根据其重要性，又分为：①主要建筑物，系指失事后造成下游灾害或严重影响工程效益发挥的建筑物，例如：坝、泄水建筑物、输水建筑物等；②次要建筑物，系指失事后不致造成下游灾害或对工程效益影响不大并易于修复的建筑物。

在确定级别时，对于 2～5 级永久性水工建筑物，符合下列情况并经过论证者，可提高主要建筑物级别（表 4-2）。

表 4-2                                       大 坝 的 提 级 标 准

| 坝的原级别 | | 2 | 3 | 4 | 5 |
|---|---|---|---|---|---|
| 坝高/m | 土坝、堆石坝、干砌石坝 | 90 | 70 | 50 | 30 |
| | 混凝土坝、浆砌石坝 | 130 | 100 | 70 | 40 |

（1）坝高超过表 4-2 中的高度，可提高一级，但洪水标准不予提高。

（2）建筑物的工程地质条件特别复杂或采用经验较少的新坝型或新结构时，可提高一级，但洪水标准不予提高。

（3）对于综合利用工程，如库容和不同用途分等的指标中有两项接近同一等别的上限时，可将其共同的主要建筑物提高一级。

在确定级别时，对于临时性水工建筑物，如失事后将使下游城镇、工矿区或其他国民经济部门造成严重灾害或严重影响工程施工时，应视其重要性或影响程度，提高一级或两级。

另外，对于低水头或失事后损失不大的水利枢纽，经过论证可将其水工建筑物的级别适当降低。

不同坝型、不同工程等别的大中型水库大坝的仪器监测项目设置参见

表4-3、表4-4。小型水库因管理条件有限，应适当简化大坝监测项目，参见表4-5。

表4-3　　　　　　　土石坝安全监测项目分类和选择表

| 序号 | 监测类别 | 观 测 项 目 | 建筑物级别 | | |
|---|---|---|---|---|---|
| | | | 1 | 2 | 3 |
| 一 | 巡视检查 | 坝体、坝基、坝区、输泄水洞（管）、溢洪道、近坝库区等 | ★ | ★ | ★ |
| 二 | 变形 | 1. 坝体表面变形 | ★ | ★ | ★ |
| | | 2. 坝体（基）内部变形 | ★ | ★ | ☆ |
| | | 3. 防渗体变形 | ★ | ★ | |
| | | 4. 界面及接（裂）缝变形 | ★ | ★ | |
| | | 5. 近坝岸坡变形 | ★ | ☆ | |
| | | 6. 地下洞室围岩变形 | ★ | ☆ | |
| 三 | 渗流 | 1. 渗流量 | ★ | ★ | ★ |
| | | 2. 坝基渗流压力 | ★ | ★ | ☆ |
| | | 3. 坝体渗流压力 | ★ | ★ | ☆ |
| | | 4. 绕坝渗流 | ★ | ☆ | |
| | | 5. 近坝岸坡渗流 | ★ | ☆ | |
| | | 6. 地下洞室渗流 | ★ | ☆ | |
| 四 | 压力（应力） | 1. 孔隙水压力 | ★ | ☆ | |
| | | 2. 土压力 | ★ | ☆ | |
| | | 3. 混凝土面板应力应变 | ★ | ☆ | |
| 五 | 环境量 | 1. 上、下游水位 | ★ | ★ | ★ |
| | | 2. 降水量、气温、库水温 | ★ | ★ | ★ |
| | | 3. 坝前泥沙淤积及下游冲刷 | ☆ | ☆ | |
| | | 4. 冰压力 | ☆ | | |
| 六 | 地震反应 | | ☆ | ☆ | |
| 七 | 水力学 | | ☆ | | |

注　1. 有★者为必设项目。有☆者为一般项目，可根据需要选设。

　　2. 坝高小于20m的低坝，监测项目选择可降一个建筑物级别考虑。

表 4 - 4 混凝土坝安全监测项目设置表

| 序号 | 监测类别 | 观 测 项 目 | 大 坝 级 别 | | |
|---|---|---|---|---|---|
| | | | 1 | 2 | 3 |
| | 巡视检查 | 坝体、坝基、坝肩及近坝库岸 | ★ | ★ | ★ |
| 仪器监测 | 变形 | 1. 坝体位移 | ★ | ★ | ★ |
| | | 2. 倾斜 | ★ | ☆ | |
| | | 3. 接缝变化 | ★ | ★ | ☆ |
| | | 4. 裂缝变化 | ★ | ★ | ★ |
| | | 5. 坝基位移 | ★ | ★ | ★ |
| | | 6. 近坝岸坡位移 | ☆ | ☆ | ☆ |
| | 渗流 | 1. 渗流量 | ★ | ★ | ★ |
| | | 2. 扬压力 | ★ | ★ | ★ |
| | | 3. 渗流压力 | ☆ | ☆ | |
| | | 4. 绕坝渗流 | ★ | ★ | ★ |
| | | 5. 水质分析 | ★ | ★ | ☆ |
| | 应力、应变及温度 | 1. 压力 | ★ | ☆ | |
| | | 2. 应变 | ★ | ☆ | |
| | | 3. 混凝土温度 | ★ | ★ | ☆ |
| | | 4. 坝基温度 | ★ | ☆ | |
| | 环境量 | 1. 上、下游水位 | ★ | ★ | ★ |
| | | 2. 气温 | ★ | ★ | ★ |
| | | 3. 降水量 | ★ | ★ | ★ |
| | | 4. 库水温 | ★ | ☆ | |
| | | 5. 坝前淤泥 | ★ | ☆ | |
| | | 6. 下游冲淤 | ★ | ☆ | |
| | | 7. 冰冻 | ☆ | | |

注 1. 有★者为必设项目。有☆者为可选项目，可根据需要选设。
　　2. 坝高 70m 以下的 1 级坝，应力应变为可选项。

表 4 - 5 小型水库安全监测项目分类和选择表

| 序号 | 监测类别 | 观 测 项 目 |
|---|---|---|
| 1 | 巡视检查 | 坝体、坝基、坝区、输泄水洞（管）、溢洪道、近坝库区等 |
| 2 | 变形 | 1. 坝体垂直位移 |
| | | 2. 坝体水平位移 |

续表

| 序号 | 监测类别 | 观 测 项 目 |
|------|----------|-------------|
| 3 | 渗流 | 1. 渗流量 |
| | | 2. 坝基渗流压力 |
| | | 3. 坝体渗流压力 |
| | | 4. 绕坝渗流 |
| 4 | 环境量 | 1. 坝前水位 |
| | | 2. 降水量 |

**3. 熟悉测点布置意图**

代表性、不确定性、最危险性、敏感性和易于分析性是大坝监测测点布置的总体要求。代表性就是要求测点布置在典型性位置、坝段或断面处，不确定性就是将测点布置在我们不太掌握的部位和用于设计验证比较的部位，最危险部位是最可能出现破坏或大变性的位置，敏感性就是将测点布置在坝顶等监测物理量变化幅度大的位置，易于分析是要求测点必须形成观测断面，易于比较分析。测点总是对称布置。为达到上述目的，必须了解大坝常见破坏形式。熟悉大坝常见破坏形式将加深对有关监测技术标准的理解，使得监测项目设置、测点布置和监测资料分析更加具有针对性。

（1）土石坝。渗流破坏是土石坝常见的破坏形式，因此渗流监测是重点。同时对于心墙坝由于拱效应的存在，在心墙和坝壳接触部位的开裂监测和渗流监测是心墙坝安全监测设计中必须考虑的因素。对于高心墙土石坝，由于存在水力劈裂的可能性，因此孔隙水压力监测是必须考虑的，从而为利用有效应力原理分析结构和材料的稳定性创造条件。在高震区的土石坝工程，由于存在地震条件下的剪缩、剪涨和动孔隙水压力问题，其安全监测的重点也有不同。

（2）混凝土坝。重力坝的稳定性和深层稳定性是重力坝首先必须考虑的稳定，因此其变形监测，存在深层失稳情况下的基岩变位是稳定监测的重点。由于扬压力是影响坝基稳定的主要因素，因此扬压力监测对于重力坝而言是必需的。对于拱坝而言，由于其稳定性的关键是两岸边坡的稳定，因此两岸支撑体的监测，包括变形、地下水位监测是我们重点督查的对象。

（3）浆砌石坝。浆砌石坝尽管在材料上属于土石坝，但在结构上主要类似于混凝土坝，因此在监测方面主要注意两个方面：一方面是监测材料之间的结合程度，避免出现渗透冲刷破坏；另一方面要参照《混凝土坝安全监测技术规范》（SL 601）进行监测项目的设置。如浆砌石重力坝需要注意坝顶变形、基础变形和扬压力监测，而对于浆砌石拱坝需要注意坝肩稳定的监测，包括坝肩变形和地下水位监测。

（4）面板堆石坝。面板作为面板堆石坝主要防渗结构，其结构不能容忍任何情况的开裂，因此对于不均匀沉降和面板脱空、或者由于不均匀变形导致的周边缝、横缝开裂都可能导致严重后果。但由于面板比较薄，应力应变监测也存在一定的困难。

#### 4.2.1.2 巡视检查要求

大坝巡视检查具有全面性、及时性和直观性等特点，是大坝仪器监测及其自动化所不能代替的。据国内外有关资料统计，通过大坝巡视检查发现大坝的重大安全隐患，约占出险水库总数的 70%。因此，必须贯彻大坝仪器监测和巡视检查相结合的原则，严格规范大坝巡检工作，努力提高巡检人员的素质，对巡检中发现的问题及时做出准确判断，保证大坝的安全运行。巡视检查是充分发挥人的聪明才智，弥补仪器点监测、自适应能力不强等不足，检查内容根据相应监测技术规范确定，主要包括大坝可能的破坏形式和征兆，同时巡视检查要对检查频次、路线、内容、记录格式和描述语言，做出明确规定，采取固定线路、固定人员、固定记录和及时分析，并对检查结果实行闭环管理。要做好巡查记录，必要时应附有略图、素描或照片。对于通过人工巡视检查和仪器监测难以发现的可能隐患，应采用必要的隐患探测手段对人工巡视检查进行补充完善。

1. 巡视检查分类和频次

巡视检查分为日常巡视检查、年度巡视检查和特别巡视检查三类。日常巡视检查，应根据大坝的具体情况和特点，制定切实可行的巡视检查制度，具体规定巡视检查的时间、部位、内容和要求，并确定日常的巡回检查路线和检查顺序，由有经验的技术人员负责进行。

日常巡视检查的次数：在施工期宜每月 $3\sim4$ 次；在初蓄期或水位上升期间，宜每天或每两天 1 次，但每周不少于 2 次，具体次数视水位上升或下降速度而定；在运行期，一般宜每周 1 次，或每月不少于 1 次，但汛期高水位时应增加次数，特别是出现大洪水时，每天应至少 1 次。年度巡视检查，在每年的汛前汛后、用水期前后、冰冻较严重的地区的冰冻期和融冰期、有蚁害地区的白蚁活动显著期等，应按规定的检查项目，由管理单位负责人组织领导，对土石坝进行比较全面或专门的巡视检查。检查次数，视地区不同而异，一般每年不少于 $2\sim3$ 次。特别巡视检查，当土石坝遇到严重影响安全运用的情况（如发生暴雨、大洪水、有感地震、强热带风暴，以及库水位骤升骤降或持续高水位等）、发生比较严重的破坏现象或出现其他危险迹象时，应由主管单位负责组织特别检查，必要时应组织专人对可能出现险情的部位进行连续监视。当水库放空时亦应进行全面巡视检查。

2. 土石坝的巡视检查

土石坝巡视检查主要内容包括：坝身、坝顶防浪、墙溢洪道等部位是否有裂缝、渗漏、塌坑、隆起等现象；坝坡块石护坡是否有松动、崩塌、风化、垫层流失、架空等现象；草皮护坡有无塌陷、雨淋坑、冲沟等现象。土坝与两岸接头处、下游坝坡、坝脚一带及坝下埋管出口附近等处是否有异常渗漏现象；坝身及其附近是否有白蚁活动的痕迹等。

裂缝一般由干缩、不均匀沉陷和滑坡所引起。发生在坝顶和上游坝坡的裂缝，一般可以由肉眼观察到。坝顶防浪墙、坝坡踏步、护栏等断裂，一般可反映出坝顶和坝坡上有纵向或横向的裂缝存在，根据这些迹象，再做进一步的检查。

水库长时间高水位或大暴雨期间，下游坝体含水量大，坝坡稳定性降低。质量较差的坝在这种情况下容易发生滑坡裂缝。水库连续放水，库水位骤降时，也最容易发生滑坡裂缝。发生地震也容易引起大坝裂缝。有上述情况都要加强巡视检查。发生裂缝后，要及时做好观察记录，记录裂缝发生的时间、位置、走向、裂缝的宽度和长度等。在尚未对裂缝进行处理前，要设置标志进行观察，并把缝口保护起来，用塑料布盖好，防止雨水流入，避免因牲畜或人为的破坏使裂缝失去原状。

渗漏一般用肉眼可以观察到。如在下游坝坡有明显细小渗水逸出，坡面土料潮湿松软，部分草皮色深叶茂等都是坝身渗漏现象的特征。土坝的集中渗漏危害性大，要高度重视。在坝下涵管出口附近，坝体与山坡接合部位、水库高水位时，都可能出现集中渗漏现象。发现集中渗漏点时，要注意观察渗水的浑浊程度和渗水量的变化，如果渗水由清变混或明显地带有土粒，渗水量突然增大，很可能是坝体内部发生渗透变形破坏的征兆。渗水量突然减小或中断，有可能是顶壁坍塌暂时堵塞渗漏通道，决不能麻痹大意，更应加强观察。巡视检查渗漏时，要记录渗漏量（观测方法详见渗流量观测部分）、部位、高程、范围等，同时要记录库水位，以便分析渗漏与库水位的变化关系。

坝身发生塌坑现象肉眼极易看到，除风浪淘刷和白蚁洞穴引起的塌坑外，大部分塌坑多由渗流破坏而引起，要根据发生部位分析其原因。例如：塌坑位置正好在坝内放水洞轴线附近，则有可能是放水洞漏水引起的；塌坑邻近进水塔（竖井或卧管），有可能是进水塔（竖井或卧管）壁或塔与洞（管）接头断裂漏水所致；紧靠反滤坝址上游发生塌坑，可能是反滤坝发生破坏；塌坑紧靠坝身或山坡接合处，则可能是坝体与山坡接合不好发生破坏，或者由于绕坝渗流引起。发现塌坑要记录坑的直径大小、形状和深度、相对位置、高程等，绘出草图，必要时进行拍照。

3. 混凝土坝巡视检查

混凝土坝巡视检查应该考虑混凝土开裂和渗漏，包括裂缝中可能析出的钙质，同时对渗水的透明度等进行观测。坝内廊道是混凝土坝必须巡视的部位，包括横缝和纵缝张开情况、渗漏情况。对于新出现的裂缝、或陈旧裂缝张开增大等情况，应记录位置、走向等关键量，并及时上报。对于拱坝还必须对两岸坝肩进行重点巡视检查，查看边坡的稳定性、地下水渗漏情况等。如发现新出现的裂缝、透水点、浸湿点、杂草异常茂盛区等都应该记录、拍照，并及时上报分析。检查溢流面有无磨损、冲刷、破裂、漏水及阻水物体等。消能设施有无损坏、淘空等现象。

4. 砌石坝巡视检查

注意观察坝体有无裂缝，渗水现象；砌块有无脱落、松动、风化、松软现象，分缝处的开合情况及缝内止水、填料是否完好无损。上游面不易观察的部位，可乘船靠近检查或用望远镜进行观察。在汛期或冬季要观察水面是否有漂浮物和冰凌，防止撞击坝体。

发现坝身有裂缝时，要量测裂缝所在坝段（或桩号）、高程、长度、宽度、走向、有无渗水、水量大小等，并详细记录，必要时进行拍照。对较重要的裂缝或渗水点，应设置标识或量水设施，定期进行观察监视。

观察坝体与地面接触部位是否有破碎、裂纹、隆起、渗水等现象，应设置标识，加强观测分析，是否坝体失稳的征兆。

检查溢流面有无磨损、冲刷、破裂、漏水及阻水物体等，消能设施有无损坏、淘空等现象。

5. 溢洪道的巡视检查

当库水位接近溢洪高程将要泄洪之前，要组织进行一次详细检查，看泄洪通道上是否有影响泄水的障碍物，两岸山坡是否稳定，如果发现岩石或土坡松动出现裂缝或塌坡，则应及早清除或采取加固措施，以免在溢洪时突然发生岸坡塌滑，堵塞溢洪道过水断面的险情。检查溢洪道各部位是否完好无损，如闸墩、底板、边墙、胸墙、溢流堰、消力池等结构，有无裂缝、损坏和渗水等现象。

溢洪后应及时检查消力池、护坦、海漫、挑流鼻坎、消力墩、防冲齿墙等有无损坏或淘空，溢流面、边墙等部位是否发生气蚀损坏，上下游截水墙或铺盖等防渗设施是否完好，伸缩缝内、侧墙前后有无渗水现象等。

6. 闸门及启闭设备的巡视检查

闸门的巡视检查主要内容包括闸槽有无堵塞物，气蚀损坏现象，闸门主侧轮有无锈死不转动，止水设施是否破损，门内有无扭曲变形、裂纹、脱焊、油漆剥落、锈蚀等，闸门部分开启闭时有无震动情况。对滑动式闸门，还要检查胶木滑道是否老化、缺损等。

启闭设备的巡视检查要检查润滑系统是否干枯缺油，吊点结构是否牢固可靠，固定基脚是否松动，齿轮及制动是否完好灵活，电源系统是否通畅，连接闸门的螺杆、拉杆、钢丝绳有无弯曲、断丝、损坏现象等。

开闸放水前要试车，观察运转过程中是否灵活，工作状态是否正常，发现有不正常的响声、震动、发热、冒烟等情况，应立即停车检查抢修。

7. 放水洞（管）的巡视检查

我国大部分小型水库的放水洞（管）是坝下埋管。这些埋管往往因发生裂缝渗漏，引起土坝的塌陷、滑坡，甚至溃坝失事。但一般都有一个从量变到质变的过程。因此，在放水洞（管）运用前、运用过程中和运用后都要进行细致的巡视检查，以便及时发现问题进行处理，防患于未然。

放水洞（管）在防水之前和防水停止后，应进行全面检查。主要检查洞（管）内壁有无裂缝、错位变形，漏水孔洞、闸门槽附近有无气蚀等现象。不能进洞（管）内检查时，要在洞口观察洞内是否有水流出，倾听洞内是否有异样滴水声，出口周围有无浸湿或漏水现象。进洞（管）内检查时要特别注意给洞内鼓风送气，避免检查人员在洞内缺氧窒息死亡。

放水（管）在防水过程中，要经常观察和倾听洞内有无异常声响。如听到洞内有咕咚咕咚阵发性的响声或轰隆隆的爆炸声，说明洞内有明流、暗流交替的情况或产生了气蚀现象。要观察出流有无浑水，出口流态是否正常，流量不变情况下水跃位置有无变化，主流流向有无偏移，两侧有无漩涡等。若库内水不浑而洞（管）内流出浑水，则有可能洞（管）壁断裂且有渗透破坏现象，应关闸检查处理。

8. 检查记录和报告

（1）记录和整理工作要求。每次巡视检查均应按监测规范相应作出记录。如发现异常情况，除应详细记述时间、部位、险情和绘出草图外，必要时应测图、摄影或录像（记录表详见附录 2 和附录 3）。

现场记录必须及时整理，还应将本次巡视检查结果与以往巡视检查结果进行比较分析，如有问题或异常现象，应立即进行复查，以保证记录的准确性。

（2）报告和存档工作要求。日常巡视检查中发现异常现象时，应立即采取应急措施，并上报主管部门。

年度巡视检查和特别巡视检查结束后，应提出简要报告，并对发现的问题及时采取应急措施，然后根据设计、施工、运行资料进行综合分析比较，写出详细报告，并立即报告主管部门。

各种巡视检查的记录、图件和报告等均应整理归档。

### 4.2.1.3 仪器监测

1. 监测项目分类

（1）变形监测。变形监测包括水平位移（横向和纵向）、垂直位移（竖向位移）坝体及坝基倾斜、表面接缝和裂缝监测。对于土石坝，除设有上述变形（称之为表面变形）监测项目外，还设有内部变形监测。内部变形包括分层竖向位移、分层水平位移、界面位移及深层应变观测。对于混凝土面板坝应设置混凝土面板变形监测，具体包括表面位移、挠度、应变、脱空及接缝监测。另外，岸坡及基岩表面和深层位移监测也属变形监测。

（2）渗流监测。混凝土坝渗流监测包括坝基和坝体扬压力、坝基和坝体渗漏量、绕坝渗流和地下水位监测。

土石坝渗流监测包括坝体渗流压力、坝基渗流压力、绕坝渗流、渗流量监测。

（3）压力（应力）监测。混凝土坝的应力、应变及温度监测包括混凝土的应力和应变、无应力、钢筋应力、钢板应力、坝体和坝基温度、接缝和裂缝开度监测。

土石坝的压力（应力）监测包括孔隙水压力、土压力、接触土压力、混凝土面板应力监测。

（4）环境量或水文、气象监测。大坝所在位置的环境对大坝和坝基工作性态有重大影响，需予以监测。监测项目有大坝上下游水位、水温、气温、库区雨量、冰压力、坝前淤积和下游冲刷等。

（5）地震监测。强地震是大坝安全的一大威胁，1962 年 3 月广东省新丰江水库诱发 6.1 级地震，使混凝土大头坝上部发生贯穿性的水平裂缝，并使部分坝段间接缝止水受损，漏水增加。为了监测大坝在地震作用下的安全状况，也为了验证设计，为抗震理论的发展提供依据，对地震区的大坝应进行强度安全监测。土石坝安全监测技术规范规定，地处地震基本烈度 7 度及其以上地区的 Ⅰ 级、8 度以上 Ⅱ 级土石坝应进行坝体地震反应监测。混凝土大坝安全监测技术规范也给出了重力坝和拱坝的地震反应监测仪器布置。总之，大坝强震安全监测的布置要考虑大坝的强震反应特征，要考虑坝基、坝肩山体的影响，在总结已有强震安全监测资料的基础上，提出了典型坝型强震监测的推荐方案。

除上述监测项目外，已发布的大坝安全监测技术规范均提到了水力学监测，该监测项目应根据建筑物级别和水力学条件设置。

2. 主要监测方法

（1）变形监测。

变形监测包括水平位移、竖向位移、倾斜及接缝和裂缝监测。对于土石坝根据测点布置在坝面或是坝体内部分表面变形及内部变形监测。每一个子项目，其实现的方式是不同的，如土坝表面变形的监测可以通过人工或自动化两种方式实现。人工监测方法即光学观测方法，包括三角网、视准线法、精密水准方法等。自动监测方法包括引张线方法、真空激光准直法、GPS 方法、全站仪方法等。

水平位移人工监测方法包括视准线法（针对直线性坝）和三角网法等。竖直位移人工监测一般采用精密水准法进行监测。土石坝内部变形可用水管式沉降仪、引张线式水平位移计等进行变形监测；裂缝及接缝监测一般采用于测缝计（测缝标点）监测。

可实现自动化的变形监测方法和监测仪器包括垂线、引张线、静力水准、真空激光准直、TS 位移计、测缝计、水管式沉降仪、引张线式水平位移计等。

其中引张线主要布置在直线性坝上（或廊道内）用于实现坝顶或坝基水平位移监测，目前一种采用自动加水装置有浮托的双向引张线也已经通过试验。引张线法观测水平位移监测自动化必须首先保证引张线安装，满足规范要求，即线体张力和自由度必须得到保证，为此安装时应进行精度和复位试验，其次就是选择实用可靠的引张线仪。

垂线法是实现坝体水平位移及挠度监测自动化的较好方法，垂线有正、倒垂之分，其测点的测值都是相对锚固点（或是悬挂点）的相对值，在垂线设计时首先要使垂线满足规范要求，同时要选择良好的监测仪器，同时要注意如下几点：

选用人工观测设备时应尽量选择简单可靠、最好是固定安装在测点上的设备，这种设备免去了每次安装对中的误差，也不易产生系统误差。如梅山大坝在垂线测点的 $X$、$Y$ 方向各安装了一台固定式坐标读数仪，其测量精度可达 0.2mm 以上；陈村及纪村大坝由于采取了相似类型的仪器，辅以管理得力，从而使垂线测值的准确度有了保证。采用携带式光学垂线坐标仪时，必须要确保仪器定期检验和校准，以确保在整个测量期间其精度不变，并在每次安装施测时严格按规程操作。

采用自动化监测精度通常都高于人工监测，目前国产步进式遥测垂线坐标仪的综合精度均在 0.1mm 以上。但为了确保监测数据不致漏失，以及必要时进行校测，通常与自动化监测设备并行布置一套人工观测设备。

静力水准方法主要用于实现廊道内沉降位移监测自动化。

真空激光准直方法具有同时测量水平和沉降的优点，但也存在真空度难以保证、单个波带板翻转机构失灵影响全部测点测量等不足。

裂缝及接缝监测主要采用差阻式测缝计实现自动化，国内南京自动化设备厂、南京林经岩土工程监测仪器有限公司、水利部南京水利水文自动化研究所、南瑞集团公司都生产的差阻式仪器。由于差动电阻式仪器在防潮、长期稳定性、性能价格比等方面具有较一定的优势，因此在国内工程中得到广泛的应用。

（2）渗流监测。

渗流监测是大坝安全监测的重要项目，对于混凝土坝，渗流监测有扬压力

（坝体、坝基扬压力）、渗漏量（包括坝基渗漏量和坝体渗漏量）、绕坝渗流、地下水位、水质分析等部分。土石坝渗流监测项目包括坝体渗流压力、坝基渗流压力、绕坝渗流、渗流量监测。

渗压（或浸润线）观测可采用测压管法和埋设渗压计法，测压管法具有可进行人工比测、仪器更换方便等优点，但是也有容易出现泥沙淤积、孔口破坏和测值滞后等缺点，因此在进行具体设计时要根据渗流特征和仪器情况进行确定。

渗流量监测是综合评价大坝安全最有效的方式之一，一般可以采用容积法、量水堰法和流速法进行测量。容积法主要针对单管渗流量进行监测（流量小于 1L/s）时，当流量在 $1\sim300L/s$ 之间时宜采用量水堰法，当流量大于 300L/s 或受落差限制不能设量水堰时，可以将漏流水引入排水沟，采用测流速法进行测量。目前针对廊道内的单管流量计已经研制成功，可以实现自动化测量，对于坝外可以通过测量堰上水头或流速的方法实现流量测量的自动化。

土石坝的渗流压力可以选用测压管或埋设振弦式孔隙水压力计方法测量，但必须满足如下条件：作用水头小于 20m 的坝、渗透系数大于或等于 $10\sim4cm/s$ 的土中、渗压力变幅小的部位、监视防渗体裂缝等，宜采用测压管。作用水头大于 20m 的坝、渗透系数小于 $10\sim4cm/s$ 的土中、观测不稳定渗流过程以及不适宜埋设测压管的部位（如铺盖或斜墙底部、接触面等），宜采用振弦式孔隙水压力计，其量程应与测点实有压力相适应。

（3）应力（压力）、应变及温度监测。

由于目前的设计规范均将强度校检作为设计坝体结构的标准之一，而温度是坝体（特别是在混凝土坝中）应力及裂缝产生的重要因素，因此必须注意监测，特别是对拉应力区、应力和温度梯度大的地方。

应力、应变及温度监测目前大多采用差阻式仪器或振弦式仪器，经葛洲坝、丹江口等实际工程考验，上述两类监测仪器使用效果较好。

（4）环境量（水文、气象）监测。

环境量是大坝性态发展的外因，对环境量（水位、气温、雨量等）进行监测是资料分析的需要，因此必须加以重视。

上下游水位是大坝承受的主要荷载，是形成坝体及坝基渗流场的主要原因，因此必须进行监测。水位测点要布置在水流平稳、水面平缓的地方，以确保观测精度，监测仪器有浮子式水位计及压力式水位计等。浮子式水位计精确度较高、测值直观，但在库水结冰情况下无法使用。

气温及库水温是影响坝体温度场的重要因素，其监测测点布置要根据库区气温及库水温分布特点确定，监测仪器对于气温可选铂电阻温度计，当温度变化不太剧烈时可选用铜电阻温度计，一般库水温监测可选用 DW-1 型铜电阻温度计。

降水量是影响大坝（特别是土石坝）及坝体周围渗流场的主要原因之一，降水还有可能导致坝外测压管水位升高，同时高强度降雨将会形成地表径流，破坏坝面结构，造成（土石坝）坝体局部失稳，因此必须加以监测，降水量监测可选翻斗式雨量计进行监测。

（5）其他监测。

其他类型监测项目包括地震反应监测、水力学监测、泥沙监测等，这些都要根据大坝的具体情况和规范要求设置，通用监测规范给出了具体监测方法，指明了专门的监测仪器。

各类监测方法及其特征见表4-6。主要坝型监测项目、测点布置及监测方法见表4-7。

表4-6　　　　　　　　　　　各类监测方法及其特征

| 监测方法 | 用　途 | 特点及注意事项 | 存　在　问　题 |
|---|---|---|---|
| 正垂线倒垂线 | 监测大坝水平位移和挠度，可兼作引张线、激光准直、视准线等方法的基准点 | 简单实用、维护方便、直观可靠，精度高，既便于人工观测，又易实现监测自动化。适用于任何类型的大坝 | 兼用垂直位移监测效果较差。倒垂线锚固点深入基岩应有足够的深度。线体过长后受风干扰而摆动、油筒漏油、孔中掉异物 |
| 引张线 | 监测大坝水平位移 | 简单实用、直观可靠，可用于人工观测，易实现监测自动化。适用于小于500m长度的直线型大坝。如需要获取绝对位移，需要两端设置相当稳定点或设置倒垂作为基准 | 兼用垂直位移监测效果较差。线体超过500m效果欠佳。浮船的浮液易蒸发，线体易受干扰、碰壁。东北严寒地区在冬季线体挂霜影响观测 |
| （大气、真空）激光垂直 | 监测大坝水平、垂直位移 | 同时监测水平、垂直位移，能实现监测自动化。真空激光准直在大于600m长度的直线型大坝变形监测中较能显示其优势 | 大气激光准直受气流、阳光、温度等影响较大，精度低，实用效果差。真空激光准直测量速度较慢，波带板翻转易出故障，激光发射管易损坏，管道抽真空及真空度监测自动化问题未完全解决 |
| 液体静力水准 | 监测大坝垂直位移 | 简单、直观，可用于人工观测，易实现监测自动化。较适用于南方地区或廊道内布置。必须避免气泡或液体黏性过大 | 连通管道接头容易漏水。测点间高差不能太大。温度不均匀变化对测量系统精度有影响 |
| 测压管 | 监测混凝土坝扬压力和土石坝浸润线 | 简单、有效，在管内安装渗压计或水位传感器可实现监测自动化。不能留沉淀管 | 测压管易堵塞，坝外易受雨水影响，滞后时间长，不适合小渗透系数材料。对有压管管口易漏水，从而不能真实反映实际压力，但容易解决 |

续表

| 监测方法 | 用 途 | 特点及注意事项 | 存 在 问 题 |
|---|---|---|---|
| 量水堰 | 监测渗透量 | 可用于人工观测,在堰前安装测水位传感器,可实现监测自动化。堰体结构必须满足规范要求,必须同时测量水温度 | 受钙质沉淀、微生物以及水位传感器测量精度的影响,成功经验不多 |

表 4 - 7          主要坝型监测项目、测点布置及监测方法

| 坝型 | 监测项目 | 监 测 部 位 | 监 测 方 法 | 备 注 |
|---|---|---|---|---|
| 重力坝 | 坝顶水平位移 | 典型坝段、结构或基础地质条件复杂坝段、运行中出现问题的坝段 | 正垂线、倒垂线、真空激光准直、引张线 | 坝高 70m 以上的大坝可适当基础、坝身位移监测 |
| | 坝顶垂直位移 | | 静力水准、真空激光准直 | |
| | 坝体接缝 | | 测缝计或测缝标 | |
| | 坝基扬压力 | 每个坝段一个或多个 | 测压管 | |
| | 渗透量 | 根据流量大小选择 | 量水堰、排水管 | 集水井 |
| | 绕坝渗流 | 透水层或滑动层 | 测压管 | 形成监测断面 |
| 拱坝 | 坝体水平位移 | 拱冠、1/4 拱、两岸坝肩 | 正垂线、倒垂线 | |
| | 坝体温度 | 拱冠梁断面 | 内部埋设温度计 | |
| | 横缝开合度 | | 表面埋设测缝计 | |
| | 坝间变位 | 根据工程等级及边坡稳定情况设置 | 埋设钻孔多点变位计、固定式测斜仪 | |
| | 绕坝渗流 | | 测压管 | |
| | 坝基扬压力 | 薄拱坝经论证可不设置 | 测压管 | |
| 土石坝 | 坝体渗透压力 | 典型横断面、基础地质条件复杂处、运行中出现问题的部位 | 测压管或埋设渗压计,根据两者适用范围确定 | 必须注意测压管和埋设渗压计方法的适用范围 |
| | 坝基渗透压力 | | | |
| | 渗透量 | 下游坝脚或有选择 | 量水堰 | |
| | 绕坝渗流 | 有选择 | 测压管 | |
| | 表面变形 | 典型横断面 | 利用自动跟踪全站仪,采用边角或测边交会法观测 | 采用三角网测量表面变形需要进行精度论证 |
| | 内部变形 | 典型横断面 | 埋设水管式沉降仪、水平位移计 | |

续表

| 坝型 | 监测项目 | 监测部位 | 监测方法 | 备 注 |
|---|---|---|---|---|
| 面板堆石坝 | 渗透量 | 下游坝脚或其他部位 | 量水堰、容积法 | 大用流速法 |
| | 绕坝渗流 | 根据边坡稳定情况 | 测压管 | |
| | 周边缝、垂直缝 | 一般均需要设置 | 埋设测缝计 | |
| | 面板挠度和脱空监测 | 典型横断面，高坝必须设置 | 埋设固定式测斜仪或倾角计，脱空计量 | 必须注意与坝外变形点衔接，资料分析时候考虑面板应力结合。脱空监测需要考虑与界面土压力计等配合 |
| | 表面变形 | 典型横断面或有选择 | 利用全站仪、采用边角或侧边交会法等 | |
| | 内部变形 | 典型横断面或有选择 | 埋设水管式沉降仪和引张线水平位移计 | |

3. 监测项目的测次

根据工程所处不同的施工阶段和建设时期，根据表 4-8 和表 4-9 确定相应的监测测次。

表中规定的测量频次是最低要求，在实际运行中，为避免漏测和及时发现监测仪器故障，仪器测量频次都是高于规范要求的。如自动监测系统一般是每天测量一次，同时为便于资料分析，每天都在同一时间段测量。更为重要的是，测量频次的目的是为了与监测的目的相对应，如监测的目的是为了分析大坝安全，那么在大坝性态变化比较缓慢的时候可以降低测量频次。另外对于目前大坝安全监测中的水动力学监测，受水舌冲击的护坦下游易失稳区的板块面脉动压力进行测量，采样时间间隔为 0.01s，当然在距离确定时候需要采用低通滤波和香农采样定理进行分析确定。对于坝前泥沙淤积和下游冲刷监测的频次一般可以以年为周期进行。

表 4-8 土石坝安全监测项目测次表

| 观 测 项 目 | | 阶 段 和 测 次 | | |
|---|---|---|---|---|
| | | 第一阶段（施工期） | 第二阶段（初蓄期） | 第三阶段（运行期） |
| 日常巡视检查 | | 8～4 次/月 | 30～8 次/月 | 3～1 次/月 |
| 仪器监测 | 1. 坝体表面变形 | 4～1 次/月 | 10～1 次/月 | 6～2 次/年 |
| | 2. 坝体（基）内部变形 | 10～4 次/月 | 30～2 次/月 | 12～4 次/年 |
| | 3. 防渗体变形 | 10～4 次/月 | 30～2 次/月 | 12～4 次/年 |
| | 4. 界面及接（裂）缝变形 | 10～4 次/月 | 30～2 次/月 | 12～4 次/年 |
| | 5. 近坝岸坡变形 | 4～1 次/月 | 10～1 次/月 | 6～4 次/年 |

| 观 测 项 目 | | 阶 段 和 测 次 | | |
|---|---|---|---|---|
| | | 第一阶段（施工期） | 第二阶段（初蓄期） | 第三阶段（运行期） |
| 仪器监测 | 6. 地下洞室围岩变形 | 4～1 次/月 | 10～1 次/月 | 6～4 次/年 |
| | 7. 渗流量 | 6～3 次/年 | 30～3 次/月 | 4～2 次/月 |
| | 8. 坝基渗流压力 | 6～3 次/年 | 30～3 次/月 | 4～2 次/月 |
| | 9. 坝体渗流压力 | 6～3 次/年 | 30～3 次/月 | 4～2 次/月 |
| | 10. 绕坝渗流 | 4～1 次/年 | 30～3 次/月 | 4～2 次/月 |
| | 11. 近坝岸坡渗流 | 4～1 次/年 | 30～3 次/月 | 2～1 次/月 |
| | 12. 地下洞室渗流 | 4～1 次/年 | 30～3 次/月 | 2～1 次/月 |
| | 13. 孔隙水压力 | 6～3 次/月 | 30～3 次/月 | 4～2 次/月 |
| | 14. 土压力（应力） | 6～3 次/月 | 30～3 次/月 | 4～2 次/月 |
| | 15. 混凝土应力应变 | 6～3 次/月 | 30～3 次/月 | 4～2 次/月 |
| | 16. 上、下游水位 | 2～1 次/月 | 4～1 次/月 | 2～1 次/月 |
| | 17. 降水量、气温 | 逐日量 | 逐日量 | 逐日量 |
| | 18. 库水温 | | 10～1 次/月 | 1 次/月 |
| | 19. （坝前）泥沙淤积及下游冲刷 | | 按需要 | 按需要 |
| | 20. 冰压力 | 按需要 | 按需要 | 按需要 |
| | 21. 坝区平面监测网 | 取初始值 | 1～2 年 1 次 | 3～5 年 1 次 |
| | 22. 坝区垂直监测网 | 取初始值 | 1～2 年 1 次 | 3～5 年 1 次 |
| | 23. 水力学 | | 根据需要确定 | |

注 1. 表中测次，均系正常情况下人工测读的最低要求。如遇特殊情况（如高水位、库水位骤变、特大暴雨、强地震等）和工程出现不安全征兆时应增加测次。

    2. 第一阶段：若坝体填筑进度快，变形和土压力测次可取上限。

    3. 第二阶段：在蓄水时，测次可取上限；完成蓄水后的相对稳定期可取下限。

    4. 第三阶段：渗流、变形等性态变化速率大时，测次应取上限；性态趋于稳定时可取下限。

    5. 相关检测项目应力求同一时间监测。

表 4 - 9           混凝土坝安全监测项目测次表

| 观测项目 | 阶 段 和 测 次 | | | |
|---|---|---|---|---|
| | 施工期 | 首次蓄水期 | 初蓄期 | 运行期 |
| 1. 位移 | 1 次/旬～1 次/月 | 1 次/天～1 次/旬 | 1 次/旬～1 次/月 | 1 次/月 |
| 2. 倾斜 | 1 次/旬～1 次/月 | 1 次/天～1 次/旬 | 1 次/旬～1 次/月 | 1 次/月 |
| 3. 外部接（裂）缝 | 1 次/旬～1 次/月 | 1 次/天～1 次/旬 | 1 次/旬～1 次/月 | 1 次/月 |

| 观测项目 | 阶 段 和 测 次 | | | |
|---|---|---|---|---|
| | 施工期 | 首次蓄水期 | 初蓄期 | 运行期 |
| 4. 近坝区岸坡稳 | 1次/月～2次/月 | 2次/月 | 1次/月 | 1次/季 |
| 5. 渗透量 | 2次/旬～1次/旬 | 1次/天 | 2次/旬～1次/旬 | 1次/旬～2次/月 |
| 6. 扬压力 | 2次/旬～1次/旬 | 1次/天 | 2次/旬～1次/旬 | 1次/旬～2次/月 |
| 7. 渗透压力 | 2次/旬～1次/旬 | 1次/天 | 2次/旬～1次/旬 | 1次/旬～2次/月 |
| 8. 绕坝渗透 | 1次/旬～1次/月 | 1次/天～1次/旬 | 2次/旬～1次/旬 | 1次/月 |
| 9. 水质分析 | 1次/季 | 1次/月 | 1次/季 | 1次/年 |
| 10. 应力、应变 | 1次/旬～1次/月 | 1次/天～1次/旬 | 1次/旬～1次/旬 | 1次/月～1次/季 |
| 11. 大坝及坝基的温度 | 1次/旬～1次/月 | 1次/天～1次/旬 | 1次/旬～1次/旬 | 1次/月～1次/季 |
| 12. 大坝内部接缝、裂缝 | 1次/旬～1次/月 | 1次/天～1次/旬 | 1次/旬～1次/旬 | 1次/月～1次/季 |
| 13. 钢筋、钢板、锚索、锚杆应力 | 1次/旬～1次/月 | 1次/天～1次/旬 | 1次/旬～1次/旬 | 1次/月～1次/季 |
| 14. 上、下游水位 | | 4～2次/天 | 2次/天 | 2～4次/天 |
| 15. 库水温 | | 1次/天～1次/旬 | 1次/旬～1次/月 | 1次/月 |
| 16. 气温 | | 逐日量 | 逐日量 | 逐日量 |
| 17. 降水量 | | 逐日量 | 逐日量 | 逐日量 |
| 18. 坝前淤泥 | | | 按需要 | 按需要 |
| 19. 冰冻 | | 按需要 | 按需要 | 按需要 |
| 20. 坝区平面监测网 | 取得初始值 | 1次/季 | 1次/年 | 1次/年 |
| 21. 坝区垂直位移监测网 | 取得初始值 | 1次/季 | 1次/年 | 1次/年 |
| 22. 下游淤泥 | | | 每次泄洪后 | 每次泄洪后 |

注 1. 表中测次，均系正常情况下人工测读的最低要求。如遇特殊情况（如高水位、库水位骤变、特大暴雨、强地震等），应增加测次。监测自动化可根据需要，适当加密测次。

2. 在施工期，坝体浇筑进度快的，变形和应力监测的次数应取上限。在首次蓄水期，库水位上升快的，测次应取上限。在初蓄期，开始测次应取上限。在运行期，当变形、渗透等性态变化速度大时，测次应取上限。性态趋于稳定是可取下限；当多年运行性态稳定时，可减少监测测次，减少监测项目或停测，但应报主管部门批准；但当水位超过前期运行水位时，仍需按首次蓄水执行。

3. 对于低坝的位移侧次可减少为1次/季。

## 4.2.2 资料整编和分析

定期进行监测资料的整理整编分析，并对大坝工作性态做出评价，大坝性态包括正常状态、异常状态和险情状态。大坝安全监测资料应及时分析处理，并定期向上级组织汇报。对于异常情况应该立即汇报并组织专家查明原因。

### 4.2.2.1 目的和意义

资料整理整编是为了更好地进行保存资料，便于资料考证，从而进行分析和掌握大坝安全状况。监测技术通用规范对整理整编都有固定格式和方法，这些格式和方法都是经过长期检验的有效的，如规范给定的表格形式、简单使用的特征值统计、图表分析、过程线和相关图分析等。而逐步回归分析在数据满足正态分布、误差比较小和样本数比较多的情况下是一种行之有效的方法。当然由于仪器，特别是自动监测系统的误差不可避免，在资料整理整编中对误差数据进行相应的处理，同时保留原始数据，形成原始数据库和整编数据库，这是必要的，也是技术水平要求比较高的工作。

刊印是保存和记录信息的有效手段，存档资料包括仪器考证表、测点竣工图、施工埋设记录、仪器率定参数、巡视检查信息、实测数据、资料整理整编分析报告等。一般要求存档资料包括原始记录、整编资料和分析报告。

### 4.2.2.2 一般要求

资料整编包括平时资料整理与定期资料编印。平时资料整理的重点是查证原始观测数据的正确性与准确性；进行监测物理量计算；填好观测数据记录表格；点绘观测物理量过程线图，考察观测物理量的变化，初步判断是否存在变化异常值。定期资料编印，应在平时资料整理的基础上进行观测物理量的统计，填制统计表格；绘制各种观测物理量的分布与相互间的相关图线；并编写编印说明书。定期编印的时段，在施工期和初蓄期，视工程施工或蓄水进程而定，最长不超过一年。在运行期，应在每年汛期之间完成资料整编工作。发现异常情况应立即对资料进行整编分析。

资料的整编、分析工作，在工程竣工前应由水库施工单位负责完成；工程竣工后应由水库管理单位负责完成。工程有问题时，设计单位配合。必要时可邀请专业研究单位协作，以加深资料分析深度，进行必要的研究验证。整编成果应项目齐全，考证清楚，数据可靠，图表完整，规格统一，说明完备。

在整个观测过程中，均应及时对各种观测数据进行检验和处理，并结合巡视检查资料进行分析。以发现异常测值并对其进行处理。同时应利用计算机建立数据库，并采用适当的数学模型；分析重点主要是对土石坝的安全性态作出评价。

整编成果应做到考证清楚、项目齐全、数据可靠、方法合理、图表完整、说明完备。监测资料的分析应高于资料整编要求，在合理性分析和误差处理的基础上一般分析内容包括相关分析、时空分布分析、特征值分析和监控模型分析等，必要时应进行反演分析和反馈分析。监测资料定量分析应该与人工巡视检查信息相互验证相互校核。通过监测资料的全面分析不仅可用于分析大坝性态，也可用于检验监测资料的准确性和监测系统的可靠性。

全部资料整编、分析成果应建档保存。如土石坝存在安全问题，则提出处理意见。如停止或减少观测项目的资料整编和分析工作，应经上级主管部门批准。

### 4.2.2.3　资料整理整编

日常监测资料整理工作的主要包括以下内容。

（1）检验原始监测数据的正确性、准确性。

监测数据的有效性是保证大坝安全性态分析、评价和建模的基础。监测数据应满足规范中对精度的要求，同时测值的最终精度不少于对应测点年变幅的10%。每次观测完成之后，应立即在现场检查作业方法是否符合要求，是否有缺漏现象，各项检验结果是否在限差以内，观测值是否符合精度要求，是否存在系统误差和粗差，数据记录是否准确、清晰、齐全。

经检验后，若判定观测数据不在限差以内或含有粗差，应立即重测；对于自动监测系统，如发现异常数据也应立即重测并分析原因。若判定观测数据含有较大的系统误差时，应分析原因，并设法减少或消除其影响。

（2）观测物理量的计算。

经检验合格的观测数据，应换算成监测物理量（位移、扬压力、渗漏量、应力及应变和温度等），记入相应记录表。当存在多余的观测数据时，应先作平差处理再换算物理量。

（3）统计相关数据的特征值和初步分析。

对监测数据的平均值、最大变幅、相关系数等特征值进行统计分析，同时填入相应的表格和绘图。图形包括过程线图及原因量与效应量的相关图（如库水位与位移量的相关图等）。必要时还可绘制有关物理量的分布图。应将所得的物理量填入相应的表格存档并存入计算机。

应根据上述图表和有关资料，及时进行初步分析。分析各监测量的变化规律和趋势，判断有无异常的观测值。对于经检验分析初步判为异常的观测值，应先检查计算有无错误，量测系统有无故障。如未发现疑点，则应及时重测一次，以验证观测值的真实性。经多方面比较判断，确信该监测量为异常值时，应立即向上级报告。

（4）定期资料编印。

每年汛前必须将上一年度的监测资料整编完毕。如使用计算机管理监测资料，亦应采取纸质和电子文档备份。定期资料编印包括资料收集、资料复查、物理量统计、编制说明存档等步骤和内容。资料收集包括基本资料与观测资料收集。基本资料主要是：各项观测设备的考证图表，监测系统施工竣工资料，仪器出厂证书和说明书，大坝的工程设计、勘探、试验资料等。观测资料即平时资料整理的成果，包含所有观测数据、文字和图表。资料复查：复查收集到的资料是否齐全，各项物理量计算及坐标、高程系统有无错误，记录图表是否按统一规定编制，物理量过程线图是否连续、准确、清晰。观测物理量统计：按统一规定对各观测物理量进行统计，填入相应的统计表格；绘制观测物理量的分布图，有关各量间的相关图。编制编印说明：重点阐述本编印时段的基本情况、编印内容、编印组织与参加人员，存在哪些观测物理量异常及其在大坝的分布部位，以及对观测设备和工程采取过何种检验、处理等。资料存档：各规定时段的原始资料及其整编成果应建档保存。

资料整编的成果图表，一般应包括下列内容：①各项目观测设备的考证表，如各种基（测）点考证表、各种位移计和压力计的考证表、测压管和量水堰的考证表等；②各项观测物理量的统计表，如各种水位（如上下游水位、渗压力水位）统计表、降水量统计表、测点竖向及水平位移量统计表、渗流量统计表等；③各观测物理量的过程线图、分布图等，如测点竖向及水平位移过程线、渗压力水位及渗流量过程线、各断面上的竖向及水平位移分布图、竖向位移量平面等值线分布图、断面及平面上的渗流等势线分布图、渗压力水位及渗流量与作用水头的相关图等。

### 4.2.2.4 资料分析

资料分析可分为初步分析和系统分析。初步分析包括在月报和年报范围内，在对资料进行整理后，采用过程线、分布图、相关图及测值比较的方法进行分析与检查。系统分析是在初步分析的基础上，采用各种方法进行定性定量以及综合分析，并对大坝工作状态进行评价。系统分析必须在如下时段进行：首次蓄水前、蓄水到规定高程或竣工验收时、大坝安全鉴定时、大坝出现异常或险情状态时。

资料分析的项目、内容和方法应根据实际情况而定。直接反映大坝工况（如大坝的稳定性和整体性，灌浆帷幕、排水系统和防渗结构的效能，经过特殊处理的地基工况等）的监测成果，应与设计预期效果相比较。对每个物理量应分析各监测量的大小、变化规律及趋势，揭示大坝的缺陷和不安全因素。对于恶化现象，应立即查明其原因并上报。分析完毕后应对大坝工作状态做出评估。对于主要监测物理量宜建立（或修正）数学模型，以解释监测量的变化规律，预报将来的变化，并确定监控指标和技术警戒范围。

资料分析通常采用比较法、作图法、特征值统计法及数学模型法。数学模型包括统计模型、确定性模型和混合模型，对于相对成熟的神经网络模型和支撑向量机模型也可以使用。使用数学模型法做定量分析时，应同时用其他方法进行定性分析，加以验证。建立模型的目的是定量了解分析各监测物理量的大小、变化规律及原因量与效应量之间（或几个效应量之间）的关系和相关的程度。有条件时，还应建立原因量与效应量之间的数学模型，分析各个成分在总效应量中的比例。在此基础上应判断各监测物理量的变化和趋势是否正常，是否符合技术要求，并应对各项监测成果进行综合分析，评估大坝的工作状态。

比较法的一般内容包括：①通过巡视检查，比较大坝外表各种异常现象的变化和发展趋势；②通过各观测物理量数值的变化规律或发展趋势的比较，预计大坝安全状况的变化；③通过观测成果与设计的或试验的成果相比较，看其规律是否具有一致性和合理性。

作图法的一般内容包括：通过绘制观测物理量的过程线图（如将库水位、降水量、测压管水位绘于一张图），或特征过程线图（如某水位下的测压管水位过程线图）；相关图是以一个因变量为纵坐标，以自变量为横坐标的图形，借以分析两者之间的相互关系。分布图就是绘制同一时刻大坝上各点的监测物理量随空间位置的变化情况，借以在空间上分析其分布和对称性。

数学模型方法很多，目前应用比较多的有逐步回归模型，包括统计模型、确定性模型和混合模型，详见第 6 章。

### 4.2.2.5 分析报告内容要求

1. 首次蓄水或初蓄时

（1）蓄水前的工程情况概述。

（2）仪器监测和巡视工作情况说明。

（3）巡视检查的主要成果。

（4）蓄水前各有关监测物理量测点（如扬压力、渗漏量、坝和地基的变形、地形标局、应力、温度等）的蓄水初始值。

（5）蓄水前施工阶段各监测资料的分析和说明。

（6）根据巡视检查和监测资料的分析，为首次蓄水提供依据。

2. 蓄水到规定高程、竣工验收时

（1）工程概况。

（2）仪器监测和巡视工作情况说明。

（3）巡视检查的主要成果。

（4）该阶段资料分析的主要内容和结论。

（5）蓄水以来，大坝出现问题的部位、时间和性质以及处理效果的说明。

（6）对大坝工作状态的评估。

（7）提出对大坝监测、运行管理及养护维修的改进意见和措施。

3．运行期每年汛前

（1）工程情况、仪器监测和巡视工作情况简述。

（2）列表说明备监测物理量年内最大最小值、历史最大最小值以及设计计算值。

（3）年内巡视检查的主要结果。

（4）对本年度大坝的工作状态和存在问题作分析说明。

（5）提出下年度大坝监测、运用养护维修的意见和措施。

4．大坝鉴定时

（1）工程概况。

（2）仪器监测和巡视工作情况说明。

（3）巡视检查的主要成果。

（4）资料分析的主要内容和结论。

（5）对大坝工作状态的评估。

（6）说明建立、应用和修改数学模型的情况和使用的效果。

（7）大坝运行以来，出现问题的部位、性质和发现的时间，处理的情况和其效果。

（8）根据监测的分析和巡视检查找出大坝潜在的问题，并提出改善大坝运行管理、养护维修的意见和措施。

（9）根据资料监测工作中存在的问题，应对监测设备、方法、精度及测次等提出改进意见。

5．大坝出现异常或险情时

（1）工程概述。

（2）对大坝出现异常或险情状况的描述。

（3）根据巡视和监测资料的分析，判断大坝出现异常或险情的可能原因和发展趋势。

（4）提出加强监视的意见。

（5）对处理大坝异常或险情的建议。

## 4.2.3　监测系统运行维护

1．一般要求

（1）安全监测系统必须配备相应的维护维修硬软件，包括巡视检查设备、通信设备、照明设备和备用电源等。

（2）除内部埋设仪器设备外，外露的仪器设备都需要进行定期或不定期运行维护。运行维护是确保监测系统正常运行的关键，是安全监测人员的主要日常工作。人工巡视检查应及时将测量结果输送到计算机中。现场检查包括大坝结构效应、观测设施以及仪器等。

（3）巡视检查内容、线路、人员安排、制度等必须满足相应大坝安全监测技术要求。巡视检查必须记录详细，在大坝监测资料分析和大坝安全评价时必须充分应用巡视检查信息。

（4）安全监测资料必须采用书面和电子（光盘）两种方式予以存储，保证资料的安全性。

2. 变形监测系统

（1）视准线高出（旁离）地面或障碍物距离应在 1.5m（2.0m）以上，并远离高压线、变电站、发射台站等，避免强电磁场的干扰。检查强制对中基座是否锈蚀、水准标点是否破坏、测点墩是否开裂以及与坝体或基础的结合状况。

（2）检查引张线测点箱水盒内的油是否满、浮船是否工作正常，垂线测点上方有无渗水直接滴到仪器上、垂线是否能自由移动。

（3）对于内部变形引张线水平位移计应检查线体挂重情况，对于水管式沉降仪器应了解量程是否满足要求、加水装置是否合格等。

3. 渗流监测系统

（1）检查测压管管口是否保护良好，确保管内无杂物进入，对于测压管内安装仪器应检查仪器是否被淤泥覆盖，必要时应进行测压管灵敏度试验。

（2）检查量水堰板前是否有杂物、锈蚀，确保堰体正常工作。

4. 自动监测系统

（1）自动监测系统的维护内容包括电缆是否保护良好、标识明确和采集避免被破坏的具体措施；接地电阻是否满足要求等；蓄电池是否正常、各接口端子是否接触良好等。系统所在地遭受雷击后应检查防雷器工作状况，检查保险丝是否熔断。并立即进行系统自检和测量。当发现传输信号线路故障时候，应立即到测量控制装置端直接采用键盘显示器在 MCU 处进行测量。

（2）测量控制装置内容包括：MCU 中 RAM、ROM、时钟等电路的自检；测量 MCU 内的蓄电池的电压、充电电压和 MCU 内温度；检测各测量模块的类型、接入监测仪器的数量以及该模块的工作情况；测量差动电阻式模块中的两个串联的 $50\Omega$ 高精度电阻的电阻值、电阻比和芯线电阻，以检验模块的测量电路是否正常。测控装置内防潮模块工作是否正常。

（3）定期或不定期进行系统自检，在显示器上显示故障类型。根据故障类型进行维修。一般对于内部仪器只能重新埋设，对于可更换的仪器根据仪器故障类型进行处理。当测量控制装置出现故障时，测量控制装置将输出仪器的故障类型，应根据显示屏上显示的故障种类及时进行排除。若某个模块的个别测点出现故障，可先检查该测点仪器是否正常；若仪器正常，可能是该通道上的防雷器或线路有问题，可更换防雷器或检查线路是否断开，做相应的处理；若有空余的通道，也可更换通道进行测量，同时在数据采集软件和信息管理软件中对该仪器设置应做相应的修改。若某个模块的所有测点都出现故障，说明该模块有问题，需更换模块，在更换模块时，根据原来的设置，用键盘显示器设定该模块的地址、类型和测点数量。

（4）通信和电源是自动监测系统常见故障类型。对于电源检查应检查其连接情况、短路和断路情况，特别是电源不稳定或雷击过后。对系统中的通信检查通常要采用点对点等方式进行。

（5）维护和维修过程中应尽可能保证监测资料连续和减少资料中断时间。

5. 仪器检验、安装及报废

《大坝安全监测仪器检验测试规程》（SL 530）主要包括检验测试通用条款，变形监测仪器检验测试，渗流监测仪器检验测试，力、应力、应变及温度监测仪器检验测试，环境量监测仪器检验测试及检验测试规则。

《大坝安全监测仪器安装标准》（SL 531）对变形监测仪器安装、渗流监测仪器安装、力、应力、应变、压力及温度监测仪器安装、环境量监测仪器安装、电缆连接及保护、监测仪器安装管理。

《大坝安全监测仪器报废标准》（SL 621）已于 2013 年 11 月 29 日正式实施。对于报废仪器，一般情况下是指不能正常发挥监测功能，其资料对大坝工作性态分析或科学研究无任何价值且无法修复的监测仪器。其表现为信号传输线路损坏、仪器无测值或测值无任何规律，且无法修复。当然对于按规定报废的仪器也在其中。对于可更换的仪器，检验不合格后采取更换措施，对于不可更换的仪器，其报废标准参照如下条件执行。

（1）变形监测。

严重锈蚀，标心管已不能自由伸缩的双金属管标（仪）应报废。导管严重偏扭或管内异物，探头无法正常上下滑动的测斜管应报废。引张线线体或保护管断裂，或引张线线体在保护管内相互缠绕，无法监测坝体内部水平位移的引张线水平位移计应报废。已无垂线线体变位空间的正、倒垂孔应进行改造，无法改造的应报废。连通管漏水或阻塞，无法传递被测点沉降的水管式沉降仪监测点应报废。沉降管堵塞段或折断处以下管段（部分）应报废。多点位移计中，传力杆不能正常传递位移的监测点应报废。

（2）渗流监测。

经多次洗孔后灵敏无法满足规范要求的测压管应报废。仪器测值长期超过最不利可能值的渗压计应报废。量水堰水位计精度达不到要求，其误差超过堰上水头变幅且无测温功能的应予以报废。

（3）应力、应变及温度监测。

明显受应力影响但无应力数据显示的应力计、锚头松脱的锚杆应力计等不可能修复的仪器可申请报废。

经鉴定，符合报废条件的大坝安全监测仪器，可拆除的应拆除销毁，不可拆除的应封存并标识管理。

### 4.2.4　管理制度

水库管理单位应依据国家法规和技术标准，结合本工程实际情况贯彻执行和建立相应的规章制度，大坝安全监测的规章制度一般包括大坝安全监测管理、系统维护、人才培养和资料分析等相关规章制度。这些规章制度既要保证立足实际，具有很强的针对性，同时也需要与时俱进，体现时代性，如充分利用网络办公等方法，实现规章制度发布的网络化等。

（1）认真贯彻执行大坝安全监测法规。

明确大坝安全负责人和大坝安全监测责任人，有明确的主管大坝安全监测的行政负责的行政负责人以及技术负责人总工程师，对大坝安全专业从业人员的专业素质等进行规定，制订大坝安全监测管理年度计划，并付诸实施。规定大坝安全监测备用仪器，仪器设备定期检验要求等。

（2）建立健全大坝安全监测管理制度。

对于大中型水库，一般可根据工程实际情况，制订工程巡视检查和监测人员岗位责任制、巡视检查和大坝监测制度、监测设备及自动化设备管理制度、其他监测项目相关制度和技术档案管理制度等。小型水库，可根据工程实际情况，制订工程巡视检查和监测人员岗位责任制、巡视检查和大坝监测制度技术档案管理制度等大坝安全监测制度，参见表 4-10。

表 4-10　　　　　　　一般水库大坝安全监测制度体系表

| 1. 责任制 | 监测资料整理整编规程 |
|---|---|
| 巡视检查人员岗位责任制 | 3. 设备管理制度 |
| 大坝仪器监测人员岗位责任制 | 大坝监测设备管理制度 |
| 资料整编分析人员岗位责任制 | 自动化设备管理制度 |
| 事故报告与处理制度 | 计算机设备管理制度 |
| 2. 监测系统运行管理制度 | 通信及电源设备管理制度 |
| 巡视检查制度 | 4. 日常管理制度 |
| 日常仪器监测制度 | 技术档案管理制度 |
| 仪器设备维修养护制度 | 监测人员教育与培训制度 |
| 仪器设备操作规程 | 监测人员奖惩条例 |

## 4.2.5 人员配置

合理设置大坝安全监测业务部门，采取定岗定员、持证上岗和竞争上岗等措施，确保人才队伍充满活力又相对稳定。部门技术人员必须熟悉大坝安全法规和技术标准和相关规章制度，具有水工结构、仪器设备使用维护、资料整理整编分析的相关知识，能胜任大坝安全日常监测、异常测值诊断、紧急情况汇报等业务。

根据《水利工程管理单位定岗标准》（水利部、财政部，2004）规定，大中型水库应按定岗标准配置有关人员，具体定员级别根据库容大小确定。定岗标准中已明确给出大中型水库技术管理类大坝安全监测管理岗位、小型水库工程管理单位岗位类别以及相关人数的计算方法。

1. 大中型水库

表4-11中给出了《水利工程管理单位定岗标准》对大中型水库管理大坝安全监测相关岗位的规定。

表4-11　　　　大中型水库工程管理单位岗位类别及名称

| 序号（原标准给出） | 岗位类别 | 岗位名称 |
|---|---|---|
| 10 | 技术管理类 | 大坝安全监测管理岗位 |
| 27 | 观测类 | 大坝安全监测岗位 |

大坝安全监测管理岗位要求：①遵守国家有关大坝安全管理方面的法规和技术标准；②承担大坝安全监测的管理工作，处理监测中出现的技术问题；③承担大坝安全监测资料整编和分析工作，并提出工程运行状况报告；④参与大坝安全鉴定工作；⑤参与工程设施事故的调查处理，提出技术分析意见。

大坝安全监测管理岗任职条件：①水利类大专毕业及以上学历；②取得助理工程师及以上专业技术职称任职资格，并经相应岗位培训合格；③掌握水工建筑物设计、施工、运行和大坝安全监测的基本知识；掌握常规的水工观测设备、仪器的性能和使用方法；熟悉工程的运行情况和特点；了解国内外大坝监测技术的动态；具有分析处理监测中出现的技术问题的能力。

信息和自动化管理岗位承担通信（预警）系统、自动化观测系统、防汛决策支持系统及办公自动化系统等管理工作，处理设备运行、维护中的技术问题，参与工程信息和自动化系统的技术改造工作。

观测类大坝安全监测岗位主要职责：①遵守规章制度和相关技术标准；②承担水工建筑物的检查和观测工作；③填写、保存原始记录；进行资料整理工作；④承担监测设备、设施的日常检查与维护工作。

任职条件：①技校（水利类专业）毕业及以上学历；②取得初级及以上专

业技术职称任职资格，并经相应岗位培训合格，持证上岗；③掌握观测设备、仪器的性能及其日常保养方法；了解水工建筑物及大坝监测的基本知识；具有处理观测中常见问题的能力。

大中型水库大坝安全监测专业人员最好具有水工结构、水文、工程测量、工程力学、工程地质、计算机、精密仪器等专业知识。水库大坝管理单位应建立对大坝安全监测有完善的组织制度、登记制度和档案制度等。大坝安全监测工作组必须人员齐备、分工明确。安全监测运行维护人员必须经过专业培训，熟练掌握系统操作、系统维护和一般故障维修，对监测资料的异常能进行简单分析判断。

2. 小型水库

小型水库技术管理类工程技术管理岗位应该负责水库工程安全监测，运行维护类工程运行与维护岗位协助完成巡视检查。

小型水库技术管理类工程技术管理岗位主要职责：①负责工程管理的技术工作；②负责大坝监测、水文观测和设施设备的维护保养；③负责工程巡查及记录工作，发现异常情况及时报告；④组织工程的养护修理并参与有关验收工作；⑤负责工程技术资料的搜集、整编、保管等管理工作；⑥对水库安全度汛、水毁修复、工程改扩建及除险加固等提出建议；⑦参与工程设施事故的调查处理，提出有关技术报告。

任职条件：①水利、土木类中专或高中毕业及以上学历；②取得初级及以上专业技术职称任职资格或从事水利工作3年以上，并经相应岗位培训合格；③掌握水库工程管理、运行等方面的专业知识；熟悉水库工程管理的法规和技术标准；具有分析解决水库工程管理中常见技术问题的能力。

小型水库运行维护类工程运行与维护岗位主要职责：①遵守规章制度和操作规程；②按指令进行闸门启闭作业；③负责闸门和启闭机的维护保养工作；④负责水工建筑物的日常维护，参加工程的巡查；⑤负责电气和通信设备的运行和日常维护；⑥负责有害蚁兽的防治；⑦填报水工建筑物巡查、维护及闸门启闭机运行记录并归档。

任职条件：①初中毕业及以上学历；②取得初级工及以上技术等级资格，并经相应岗位培训合格；③掌握闸门启闭机的操作及维护技能；了解水工建筑物的养护修理规程和有关质量标准；了解有害蚁兽防治基本知识；具有发现、处理运行中的常见故障的能力；具有水工建筑物养护修理的操作能力。

## 4.3　其他相关单位的基本要求

对参与大坝安全监测的设计、施工和监测资料分析评价的单位，应具有更高的大坝安全管理专业技能和知识，对大坝安全监测具有更好的理解（参见图 4－1）。

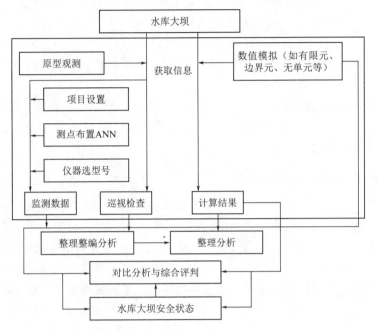

图 4－1　运行期水库大坝安全监测体系图

## 4.3.1　监测仪器及其选型

### 4.3.1.1　仪器分类

1. 按原理分类

同一种原理可以做成不同功能的仪器，具有不同的适应范围。一般大坝监测仪器可以分成振弦式传感器、差动电阻式传感器、电位器式传感器、电容式传感器、伺服加速度计式（测斜仪）、步进电机式仪器、压阻式孔隙水压力计、CCD 式、光纤式等。

2. 按功能分类

（1）变形监测仪器。

变形监测仪器主要包括：测缝计和变位计、垂线坐标仪和引张线仪、静力水准仪、沉降仪、测斜仪等。

（2）渗流监测仪器。

渗流监测仪器主要包括孔隙水压力计、量水堰水位计。根据实际需要，量水堰仪器必须具有温度测量功能或配置水温测量仪器。对于气压影响大的开敞式测压管必须配置气压计进行测压管水位修正。

（3）应力、应变及温度监测仪器。

应力、应变及温度监测仪器锚索测力计主要包括土压力计（土中土压力计和界面土压力计）、钢筋计、应变计和温度计等。

（4）环境量监测仪器。

环境量监测仪器主要包括水位计、雨量计、气温计、大气压力计等。

（5）其他配套监测仪器。

其他仪器设备包括经纬仪、水准仪、全站仪、测距仪、接地电阻测试仪、100V/500V兆欧表、各类便携式小仪表、万用表、直尺、量杯、秒表、水平尺、以及其他维修工具等。

### 4.3.1.2 选型原则和注意事项

对于测量同一个物理量有不同类型的仪器可以选择，在仪器选型时，首先需要精确度和使用环境满足现场的使用条件，其次再考虑价格、施工方便性等因素。如实现渗压监测仪器有压阻式、差阻式、电感式和钢弦式等几种类型。由于目前压阻式仪器的长期稳定性较差，损坏率高，难以长期应用于大坝安全监测；差阻式渗压计稳定性好，但是灵敏度低，尤其是在低水位监测的情况下不适用；电感式仪器稳定性差，故障率高，在国内许多工程中使用效果不好；钢弦式传感器可将测压管中水位变换为频率量远传，其灵敏度高，安装方便，已在国内外工程中大量使用，国产钢弦式渗压计由于生产工艺方面的原因，精度和长期稳定性方面不如国外产品。如美国 Geokon 公司原装进口的 DG - 4500S 型钢弦式渗压计相对而言具有灵敏度高、长期稳定性好、温度影响小等优点，所以在国内许多水库大坝工程上应用。由于坝外量水堰资料整编分析中必须考虑温度的影响，因此对于自动量水堰仪，其应具有测温功能，且温度测量精度不小于 $0.5℃$。

在进行具体仪器选型前，首先要针对具体监测物理量对各种自动化监测仪器的工作原理（特别是传感原理和输出信号）、使用环境、具体工程应用情况进行考察、分析和比较。仪器的原理、结构、输出信号应适应水工环境（大温变、潮湿等）且稳定性好（时飘小、耐腐蚀性好、结构坚固等），同时安装方便，能适应现场的安装和使用条件。如碾压混凝土内部仪器埋设施工将受混凝土施工的影响；沥青混凝土心墙施工期内部埋设仪器将面临高温的考验；在北方寒冷使库水结冰时，浮子式水位计就不能测量；从防雷角度讲，光电编码和气泡式水位计就比压阻式水位计可靠。其中最为重要的是测值的最终准确度和长期稳定性一定要满足大坝安全监控的需要。当然，在仪器选型中价格因素经常束缚作出正确决策。总之，仪器选型时要考虑到仪器的各项参数及其对水工环境的适应性、对自动化系统的兼容性以及售后服务等方面，所选择的仪器最终准确度等性能指标一定要满足大坝安全监测的实际需要。

完成仪器选型后就是要根据具体测点监测物理量的变幅，确定具体监测仪器的量程和精度，因为有些仪器的精确度在量程两端可能不能满足监测要求。如对于坝体渗流监测，各测点的渗压是不一样的，要根据具体情况确定每一只仪器的参数。

确定量程时也要充分考虑到不利工况，即极限水位、极限温度以及最不利组合条件下大坝可能出现如渗流涌道、渗透破坏、压力钢管外水作用下的失稳、裂缝的产生及错动、坝段的上抬等破坏。对于大坝而言，监测量异常更是需要重点监测的时候。

在仪器选型时，对于应用型项目一般情况下要求监测仪器必须具有国家质量监督总局颁发的生产许可证。对于进口仪器应该核实有关手续，提供相应工程业绩证明，并论证仪器的各项技术指标满足工程要求。垂直位移监测网宜采用 S05 或 S1 型水准尺和铟瓦尺进行测量，并符合相应大坝监测技术规范和国家水准测量规范要求。

## 4.3.2　监测项目细化

除水利水电确定工程等级，并按《土石坝安全监测技术规范》（SL 551）和《混凝土坝安全监测技术规范》（SL 601）进行监测项目设置外，还应该根据专业知识和安全监测目的，提高监测项目设置和测点布置的完备性和针对性。具体表现在三个方面：首先是根据具体坝型和结构确定子监测项目；其次是在进行监测项目设置还需结合专门结构设计规范、新材料、新结构等进行优化；最后对于小型水库、平原水库结合风险分析情况进行监测项目的设置和测点布置需要考虑具体工程风险。

## 4.3.3　监测测点优化

### 4.3.3.1　测点确定的重点

在有关规范中，测点布置一般要求测点"间距"和"重要部位"，因此在测点布置方面更加需要借助于风险分析的相关理论，以减少重要安全信息的遗漏和避免不必要的重复。

许多监测项目的资料分析需要借助相邻测点和相关项目进行，因此在监测项目设置和测点布置时候必须考虑匹配问题。在土坝渗流监测资料分析中，如果某测压管水位升高，可能是上游出现裂缝，也可能是下游淤积，因此必须借助上游测压管资料和下游渗流量监测资料。因此应在该测压管测点上游设置渗压测点并在下游设置渗压和渗流量测点。

功能性测点布置与结构分析是离不开的，最典型的例子就是渗流量排水孔的布置问题。由于排水孔既有降低坝基渗压的作用，同时也是监测坝基防渗的重要监测项目。对于不同的孔位布置，不但监测效果不同，而且降低扬压力的效果也不相同。因此采用数值计算方法，选择对降低渗压效果最好的位置布置测点，也是测点布置中必须考虑的问题。

测点布置首先是为了了解监测物理量的空间分布，以便于对比分析。因此在一般情况下是均匀布置，实际上由于监测量空间梯度的不均匀性，测点布置应该在特殊或危险部位加密布置，而对于发生异常事件很小的部位可以少设置测点或不设置测点。同样测点布置要结合工程的具体情况，对于 U 形河谷的低坝可以不设置纵向位移监测测点，但对于 V 形河谷的高坝，应该在两岸坝段增设设置纵向位移测点。同样在监测坝体温度监测测点时候，对于温度梯度大的部位应该增加测点设置。

### 4.3.3.2 各类大坝测点确定的特点

（1）土石坝。

土石坝测点布置主要是为形成观测断面，方便资料分析和对重点部位进行监测。一般情况下施工合龙段、最大坝高段应该设置测点。测点布置应考虑监测项目和监测物理量之间的相互校核。

（2）混凝土坝。

混凝土重力坝主要监测变形和渗流，而对于混凝土拱坝而言监测重点是变形和温度。重力坝测点布置主要在最大坝高坝段和地基存在软弱夹层坝段，对于拱坝而言，一般监测重点部位包括坝肩、1/4 拱以及拱冠梁部位。测点布置应考虑监测项目和监测物理量之间的相互校核，重点是监控大坝的稳定性。

（3）浆砌石坝。

浆砌石坝仪器监测项目一般包括变形监测、渗流监测、压力（应力）监测、水文气象（环境量）监测、地震反应监测。重点是变形监测、渗流监测和环境量监测。浆砌石坝测点布置主要参照混凝土坝安全监测技术规范，但同时要考虑监测浆砌石的整体性。

（4）面板堆石坝。

面板堆石坝仪器监测项目一般包括变形监测、渗流监测、压力（应力）监测、水文气象（环境量）监测、地震反应监测。重点是面板变形监测、面板防渗监测以及面板与堆石体协调性监测。面板监测重点包括变形、应力监测，其中变形包括面板的接缝监测。面板坝应设置面板周边缝和面板的脱空监测项目和测点。面板坝应根据工程等级设置内部变形测点。

（5）其他结构。

其他结构的安全监测包括高边坡、溢洪道、隧洞、压力钢管等结构，这些结构的安全监测项目应该根据受力分析和风险分析进行，同时结合专门的设计规范和研究报告对监测项目进行优化。

### 4.3.3.3 工程实例

恰拉水库为一平原灌注式水库，坝线较长，分为 A、B、C、D 四个坝段，A 坝段（老坝加高加固）长 13.612km，B 坝段（新筑坝）长 7.250km，C 坝段（东坝北段）长 2.750km，D 坝段（老北坝和截浅滩坝）长 3.655km。原坝兴建于 1958 年，大坝扩建工程从 2003 年 8 月开工，主体工程 2004 年 4 月完工。

改扩建工程完成后，水库设计库容 $16140.96 \times 10^4 m^3$，相应水位 875.00m，相应水面面积 47.80km²，死水位 870.20m，死库容 $950 \times 10^4 m^3$，兴利库容 $15190.96 \times 10^4 m^3$。

根据《水利水电工程等级划分及洪水标准》属大（2）型水库，工程等级为Ⅱ等工程。主要建筑物水库大坝、放水涵洞为 2 级建筑物，次要建筑物坝后截排及其泵站、调度中心为 3 级建筑物。

库区出露地层主要为第四系冲积物和风积物，库盘内主要由粉砂、粉细砂组成，地表 2～4m 范围内夹 0.2～1.2m 薄层湖沼沉积物，以淤泥质为主，呈带状（东西向）透镜体分布，不连续，局部地表至 5m 范围内夹厚 0.5～3m 的壤土，呈透镜体状，分布破碎无防渗作用。据大量抽水试验，冲积粉细砂层渗透系数 $K = 23.4 \sim 3cm/s$。

按《土石坝安全监测技术规范》（SL 551）规定，2 级建筑物的必设监测项目为：巡视检查、坝体表面变形、坝体（基）内部变形、防渗体变形、界面及裂（接）缝变形、渗流量、坝基渗流压力、坝体渗流压力、绕坝渗流、上（下）游水位、降水量、气温和库水温。一般监测项目为：近坝岸坡变形、近坝岸坡渗流、孔隙水压力、土压力、泥沙淤积及冲刷等。

（1）表面变形监测。

按规范规定坝体表面变形又分为水平位移和垂直位移变形。根据规范规定，表面变形为必测监测项目。

（2）渗流监测。

土石坝失事的原因多半是由渗流破坏引起。土石坝变形方面出现的问题如迎水面和下游面的滑坡、坍陷，坝基的滑动等，也都和孔隙水压力变化密切相关。因此，渗流监测应为土石坝安全监测中的重点。

渗流监测包括渗流量、坝基渗流压力和坝体渗流压力。渗流量是坝体和坝基渗流状态的综合反应，与渗压资料结合对分析大坝安全状况具有十分重要的意义，但恰拉水库为无限深透水地基，坝体和坝基渗流量难以区分，坝基渗流和地下水也难以区分。由于渗漏量的真正来源难以准确分析，因此针对恰拉水库而言，暂不设置渗流量监测项目。

坝体和坝基渗流监测的重点是坝体浸润线、坝基渗流压力、放水涵洞和新老坝交接处的渗流和接触冲刷监测，目的是了解水力坡降、接触面的水头等参数，从而分析坝体和坝基渗透变形情况。对于恰拉水库，由于坝体防渗结构考虑的比较多，而地基为无限深透水地基，容易出现渗透变形，因此对地基渗流监测应该给予更高重视。

（3）压力监测。

原坝为均质土坝，加固采用土工膜防渗，没有刚性与土体结构，因此压力监测不予设置。

（4）水文气象监测。

水文气象监测是分析大坝性态必要资料，因为新疆地区的具体特点，因此将水文气象监测作为必要监测项目予以设置。

（5）一般性监测项目。

由于已经施工完毕、平原水库坝的高度和水深都小、两岸坝肩结构不明显、温度对土坝变形影响比较小等原因，对一般性监测项目，如内部变形、岸坡位移、面板变形、绕坝渗流、孔隙水压力、土压力等在本设计中不予设置。

对于确定要实施的监测项目，在根据监测自动化的风险分析情况，考虑到技术成熟、现场运用维护、人员素质和系统投资等情况，决定变形监测采用人工监测，渗流和气象监测项目实现自动化。

（6）存在问题分析。

根据《土石坝安全监测技术规范》（SL 551—2012），对于变形观测，测点的间距"坝长大于 300m 时，宜取 50～100m"，而且在渗流监测部分要求"观测断面尽量与变形、应力观测断面相结合"。由此可见，即使只对 B 坝段 7.25km 进行监测也至少需要布置 70 个断面，这样的投资是业主难以接受的。因此有必要借助风险分析方法对监测项目和测点进行简化，并在相关研究的基础上编制平原水库大坝安全监测技术规范。

（7）问题解决。

相对于山区或丘陵区的水库而言，恰拉水库具有水库面积大、坝高小、坝轴线长等特点，同时水库下游无重要的城镇和大量居民，安全风险小，在具体项目设置和测点布置时应考虑到这一因素。可根据国际大坝委员会 41 号会刊推荐的风险度方法进行风险计算。根据国际大坝委员会推荐的风险表，恰拉水库的实际情况如下。

1) 外部的或环境的条件（指数 $E$）：

震区（弱）：$E_1=2$；库岸塌滑的危险（最小）：$E_2=1$；超设计洪水的危险（可能性很小）：$E_3=3$；水库的功用（蓄水类型与管理）（年调节）：$E_4=1$；侵蚀性环境的作用（气候、水）（很弱）：$E_5=1$。则 $E=1/5\times(2+1+3+1+1)=1.6$。

2) 坝的状态/可靠性（指数 $F$）：

结构配置（适当）：$F_6=1$；基础（差）：$F_7=5$；泄洪设施（可靠）：$F_8=1$；维护状态很好：$F_9=1$。则 $F=1/4\times(1+5+1+1)=2.0$。

3) 居民/经济方面的潜在危险（指数 $R$）：

水库库容（$16140.96\times10^4\mathrm{m}^3$）：$R_{10}=4$；下游设施（孤立的区域、农业）：$R_{11}=2$。则 $R=1/2\times(4+2)=3.0$，

总指数 $R_g=1.6\times2.0\times3.0=9.6$。

由于坝高小于 15m，总指数小于 10，根据国际大坝委员会建议的必选项目，只需要设置简易目测即可，建议的监测项目见表 4-12。

表 4-12　　　　　建议的监测项目

| 坝高 /m | A 类 | | B 类 | | | | C 类 | | 其他 | | |
|---|---|---|---|---|---|---|---|---|---|---|---|
| | 简易目测量 | 渗漏量（包括浑浊度） | 测压管 | 位移沉降 | 接缝与裂缝的活动 | 气象状态 | 混凝土温度 | 应变与应力 | 地震 | 自动记录 | 警报 |
| (1) | (2) | (3) | (4) | (5) | (6) | (7) | (8) | (9) | (10) | (11) | (12) |
| 15 | * | * $_g10$ 或 $R_3$ | * $_g15$ | * $_g20$ | $_g30$ | — | — | — | — | — | — |

注　* 为必设项目，g 表示按需要选用，—表示一般不设置。

（8）监测项目和测点的最终选定。

最终监测项目的确定以规范为基础，以风险分析为补充，同时参考设计计算的有关成果，重点对失效概率大的部位及不确定程度大、敏感的变量和部位，布置监测项目和测点。

1) 表面变形。

根据规范规定，监测横断面选择在观测断面，宜选择在最大坝高处或原河床处、合龙段、地形突变处、地质条件复杂处、坝内埋管及运行有异常反应处，一般不少于 3 个，并尽量与变形观测断面相结合，为此选择如下监测横断面（括号内为选择理由）：A13+612.3（结合部位）、B1+150（地基突变坝段）、B1+750（地基突变坝段）、B1+863.4（坝内涵洞埋设处两端各设置 1

75

个横断面，监测涵洞混凝土与土体结构结合部位变形情况，以此判断坝内埋管处坝体稳定性）、B2＋090.4（坝体拐弯坝段）、B4＋111（坝内涵洞埋设处两端各设置1个横断面，监测涵洞混凝土与土体结构结合部位变形情况，以此判断坝内埋管处坝体稳定性）、B3＋500（施工合龙段）、B3＋950（地基突变坝段）、B4＋271（坝体拐弯坝段）、B6＋000（坝体结合部位）、B7＋000（地基突变坝段）、B7＋150（地基突变坝段），共14个横向监测断面。每个横断面设置横向测点4个，分别在坝顶下游侧、坝体下游面中部半坝高处、坝脚下（非坝体上）、坝下游脚线15m处。

2）坝基渗流。

监测横断面宜选择在最大坝高处、合龙段、地形或地质条件复杂坝段，一般不少于3个，并尽量与变形观测断面相结合。根据恰拉水库的实际情况，坝基渗流压力选定以下监测断面（括号内为选择理由）。

A13＋612.3（结合部位）、B1＋150（地基突变坝段）、B1＋750（地基突变坝段）、B1＋863.4（坝内涵洞埋设处两端各设置1个横断面，监测涵洞混凝土与土体结构结合部位变形情况，以此判断坝内埋管处坝体稳定性）、B2＋090.4（坝体拐弯坝段）、B3＋500（施工合龙段）、B3＋950（地基突变坝段）、B4＋111（坝内涵洞埋设处两端各设置1个横断面，监测涵洞混凝土与土体结构结合部位变形情况，以此判断坝内埋管处坝体稳定性）、B4＋271（坝体拐弯坝段）、B6＋000（坝体结合部位）、B7＋000（地基突变坝段）、B7＋150（地基突变坝段）。坝基础渗流共设置14个横向监测断面，每个横向观测断面设置4根测压管，具体位置在坝顶下游侧、坝下游面半坝高处、坝脚线上、坝下游脚线15m处。采用测压管进行监测，测压管进水管段长度1.5m、管径5cm，进水管段上部在建基面以下2m。

3）坝体渗流。

坝体渗流压力监测断面横断面桩号同坝基渗流监测断面，每个横断面布置3个测压管（或埋设3只渗压计）。在2个防水涵洞的两侧采用埋设渗压计的方式进行埋设，埋设高程在涵洞侧面中部，共埋设4个渗压计监测断面，共12只渗压计，其余10个监测断面采用测压管的方式进行监测，每个横断面各3只测压管，具体位置在坝顶上游侧、坝下游面半坝高处、坝下游面1/3坝高处。测压管进水管段长度1.5m，管径5cm，进水管段低部高程在建基面以上1m处。

4）渗流量。

由于目前现场难以设置渗流量监测测点，但渗流量为必选监测项目，应该进行设置，考虑到今后水位抽取后的具体情况，因此在设计中预留渗流量监测点的自动测量通道，在条件许可情况下设置渗流量监测测点。

5）水文气象。

上游库水位监测测点设置在 2 号放水闸房附近水流平稳处，1 号放水涵洞处的测点与水情遥测系统共享，在同一断面再设置下游水位测点。

气象监测包括气温、降雨、风速、风向等监测项目，共计 4 个测点，纳入水情遥测系统，在数据库实现资源共享。

## 4.3.4 监测方法优化

监测方法的选择与设计人员对监测现状和各类监测方法的优缺点了解有关，如针对拱坝而言，引张线方法不能应用，在正倒垂线布置不方便的情况下，可以采用全站仪器边角网的方法进行监测项目设置。水平位移监测采用边角前方交会测量的方法，分别在两个测站上架设仪器，观测至监测点的边长和角度，采用测回法测量。垂直位移监测点，日常沉降监测按附和水准路线监测。日常垂直位移监测采用二等水准测量方法施测。仪器、标尺的观测使用 Leica DNA03 精密电子水准仪配备铟钢条形码水准尺。仪器、标尺的技术指标应满足《国家一、二等水准测量规范》（GB/T 12897）规定的要求，作业前及作业期内应按规定项目进行检验；观测方式：二等水准采用往返观测的作业模式。观测采用"后—后—前—前"的观测方法，根据路线土质选用重量不轻于 1kg 的尺台作为转点尺承。测站上观测顺序和方法、观测限差要求，观测的时间和气象条件，间歇与检测，区段及同一测段往返测等的具体要求均应严格按照勘测规范的规定执行。当流量小于 1L/s 建议采用容积方法进行渗流量监测，当流量在 1～300L/s 时采用量水堰方法进行监测。当流量在 1～70L/s 之间（堰上水头 50～300mm）时采用直角三角形堰。当流量在 10～300L/s 时采用梯形堰。一般常用 1：0.25 的边坡。底（短）边宽度 $b$ 应小于 3 倍堰上水头 $H$，一般应在 0.25～1.5m 范围内。当流量大于 50L/s 时采用矩形堰。堰口 $b$ 应为 2～5 倍堰上水头 $H$，一般应在 0.25～2mm 范围内。其中无侧向收缩的矩形堰见图 4 - 2，水舌下部两侧壁上应设补气孔。各种量水堰的堰板宜采用不锈钢板制作。过水堰口下游宜成 45°斜角。堰槽段的尺寸及其与堰板的相对关系应满足如下要求：堰槽段全长应大于 7 倍堰上水头，但不小于 2m。其中，堰板上游段应大于 5 倍堰上水头，但不得小于 1.5m；下游段长应大于 2 倍堰上水头，但不小于 0.5m。堰槽宽度应不小于堰口最大水面宽度的 3 倍，示意图见图 4 - 3。

堰板应为平面，局部不平处不得大于 ±3mm。堰口的局部不平处不得大于 ±1mm。堰板顶部应水平，两侧高差不得大于堰宽的 1/500。直角三角堰的直角，误差不得大于 30″。堰板和侧墙应铅直，倾斜度不得大于 1/200。侧墙局部不平处不得大于 ±5mm。堰板应与侧墙垂直，误差不得大于 30″。两侧墙应平行。局部的间距误差不得大于 10mm。

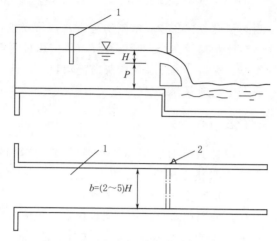

图 4-2　无侧收缩矩形量水堰结构示意图
1—水尺或测针；2—通气孔

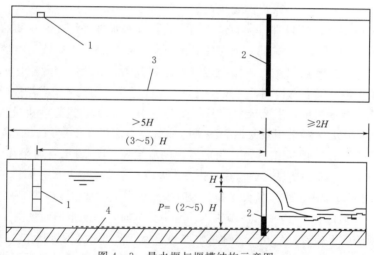

图 4-3　量水堰与堰槽结构示意图
1—水尺或测针；2—堰板；3—堰槽侧墙；4—堰槽底

### 4.3.5　自动监测系统优选

　　监测自动化是大坝监测发展趋势，具有数据处理快、能在线进行异常值判断、保证数据同步性等优势，但是自动监测也容易遭受雷击，存在测值不稳定等现象。在监测自动化时，首先需要进行仪器选型，选型的仪器必须具有可靠性，以保证自动化系统长期稳定运行。再者就是需要进行自动化系统选型，自动化系统必须保证对现场所有监测仪器兼容，同一测量模块之间不能存在相互干扰。对于自动监测系统更为重要的是可靠性设计，特别是对于高雷击区的防雷设计。由于土石坝存在坝体长、分布面积大、无屏蔽等情况，高雷击区的土石坝监测系统的防雷问题必须采取综合措施，如隔离、屏蔽、接地、浮空等措施。

### 4.3.5.1 一般原则

系统选型时需要注意：①系统的可靠性等各项性能指标满足《大坝安全自动监测系统基本技术条件》（SL 268）的要求；②系统内的关键设施如测控装置取得了生产许可证；③系统是通用型、开放型系统，可接入实际工程国内外各种类型监测仪器。根据实际水库大坝的特点和自动监测系统的要求，同时考虑到今后系统扩展。

在系统选型过程中，重要的包括两个方面，首先是工程业绩，其次是考核指标。工程业绩不能只看数量，更应该看重质量，具体可以通过两方面加以衡量：①业绩中系统运行环境和规模需要与本工程（包括仪器兼容性、通信方式、电缆长度、测点数量等）类似；②工程业绩中类似系统是否按时通过严格验收，目前是否已经取消相应项目的人工比测。

考核指标的具体化和数量化是合理公正考核的基础，考核指标必须根据《大坝安全自动监测系统设备基本技术条件》确定，具体包括：①系统的测值是否符合规律，与人工比测具有良好的一致性；②系统的运行的几个技术指标包括数据缺失率、MTBF、MTTR满足技术条件的规定。

系统配置和布置，应根据仪器类型和数量配置相应的数据采集单元，并将数据采集单元布置在仪器相对集中的地方，以节约电缆、减少干扰。

在实际水库现场管理处监控中心内，配置大坝安全监测工作站、信息管理主机、UPS、稳压电源等，管理主机内安装信息管理软件及数据分析软件，监控主机内安装数据采集软件。大坝安全信息管理中心设备可以根据需要与水情测报、水质监测等组成网络。大坝安全监测系统由监控主机（大坝安全监测工作站）和数台测控装置构成数据采集网络以及安装了信息管理系统的大坝安全信息管理系统组成。前者的功能是实现大坝安全监测数据的自动采集，后者的目的是实现大坝安全监测信息的管理、大坝安全监测数据的分析和处理等。网络中央节点为监控主机，其主要功能是对数据采集网络进行管理。数据采集网络节点为测控装置，分别安装在监测仪器或传感器比较集中的部位，其主要功能是对接入的仪器进行巡回测量和任意选择的单点测量。数据采集网络的拓扑结构采用分层分布式结构，由于实际地区雷电频繁，为提高系统防雷能力，通信总线采用有线（如 RS－485）、光缆、超短波、GSM、GPRS 等方式，实现双向通信。

大坝安全数据自动采集功能有：中央控制方式、自动控制方式、特殊条件下自动控制方式：在汛期或其他特殊情况下，电源和通讯完全中断，各测控装置能依靠自备电源继续进行自动化巡测。

监测数据的采集方式有：选点测量、选箱测量、巡回测量、定时测量、人工测量。采集周期根据工程要求，运行人员可在监控主机或信息管理主机上设定或修改监测周期。

系统软件包括大坝安全监测系统数据采集软件、大坝安全信息管理软件和大坝监测数据分析处理软件。

### 4.3.5.2　安全监测系统及其改进

我国大坝安全监测自动化系统研究工作是从 20 世纪 80 年代初起步的。近年来，随着科学技术的发展，大坝安全监测自动化系统也得到了长足的发展。

目前，比较有代表性的大坝安全监测系统有水利部南京水文自动化研究所开发的 DG－2000 型大坝监测系统和南京水利科学院开发的 IHSMS－Ⅰ大坝监测系统等，这些系统的共同特点如下。

（1）分布式的体系结构。

采用分布式结构，测量控制单元可以安装靠近传感器的地方，传感器的信号可以不需要传输较远的距离，信号的衰减和外界的干扰可以大大减轻，系统既适合于传感器分布广，分布不均匀，传感器数量多、种类多、总线距离长的大中型工程自动化监测，也适合于传感器数量少的小型工程的自动化监测。

（2）测控装置结构模块化。

系统由以前的专用型变成了通用型。根据功能的不同，开发不同的功能模块。DG－2000 系统根据测量传感器的类型的不同，开发了振弦式、电感式、步进式、卡尔逊式等测量模块，系统可以通过搭积木的方式，组建满足要求的系统，而 IHSMS－Ⅰ系统则采用内部功能模块化、传感器接口模块化的思想，将系统内部功能模块化，开发了弦式功能模块、模拟量功能模块、通信功能模块等，接口模块根据传感器的类型，开发了相应的接口模块，接口模块不具有测量功能，这样保持系统测量的一致性。

（3）通信方式多样化。

通信方式一般包括有线、无线、卫星、电话线、光纤、GSM/GPRS 等。一般系统提供两种或两种以上的通信方式，为系统的组网提供了比较大的便利，目前很多工程采用光纤通信，不仅提高了通信速率，也提高了系统抗电磁干扰能力和抗雷击能力。

（4）供电方式多样化。

系统致力于提高性能，设计了各种电源管理电路，可以利用交流电、直流电、蓄电池、太阳能供电。

（5）防雷抗干扰能力得到加强。

自动化系统建设的初期，很多系统的工作不稳定、损坏，甚至瘫痪都是由于抗干扰能力不过关，防雷击性能不够造成的，通过近几年的研究和经验的积累，系统从设计、结构、布局、元器件的筛选、通信、电源、电缆埋设等多个方面得到了改善，系统的可靠性得到了提高。

目前，我国开发的大坝安全监测系统虽然有了较大的提高，某些方面达到了国际先进水平，但是系统总体性能和国际先进产品相比，还存在一定的差距，特别是在可靠性和长期稳定性方面有待进一步的提高。

### 4.3.5.3 自动监测系统可靠性和功能要求

对于系统规模大、测点数量多的大坝安全监测系统，为保证资料的同步性，应采用分布式大坝安全监测系统，系统功能性能必须满足自动监测规范（标准）要求，特别是系统必须具有防雷抗干扰能力和掉电保护功能。

自动监测系统必须可靠接地，传感器电缆、电源电缆和通信电缆一律不得外露，且应采取镀锌钢管保护，镀锌钢管也必须可靠接地，在电缆线路比较长的时候宜设置电缆井。

大坝安全监测系统包括数据采集系统、信息管理系统和资料分析系统，信息管理系统必须能完成资料整编规程要求的功能。

自动监测系统基本功能见表 4 - 13。自动监测系统必须可靠接地，接地电阻不大于 5Ω。测量控制装置必须采用带掉电保护的存储器，存储容量不少于64KB。自动监测系统平均无故障工作时间必须大于 6300h，采集数据缺失率应小于 3%。

表 4 - 13　　　　　　　　　　　自动监测系统基本功能

| 序号 | 项　　目 | 序号 | 项　　目 |
|---|---|---|---|
| 1 | 备用电源自动切换功能 | 11 | 电源/信号/反串防雷功能 |
| 2 | MCU 内部实时时钟误差显示 | 12 | 防雷器件更换方便 |
| 3 | 单点/多点选测量功能 | 13 | 人工测量接口 |
| 4 | 巡测功能 | 14 | 安全监测管理系统软件 |
| 5 | 定时测量功能 | 15 | 抗电磁干扰功能 |
| 6 | 双向通信功能 | 16 | 信号报警功能 |
| 7 | 数据存储容量满足断电要求 | 17 | 最短和最长采集周期 |
| 8 | 掉电后是否具有数据保护功能 | 18 | 单通道最长采集时间 |
| 9 | 是否有运行和计算参数的设置功能 | 19 | 是否具有日志（运行、故障）记录功能 |
| 10 | 是自检自校功能 | 20 | 通信线路线路检验/速率设置功能 |

#### 4.3.5.4 自动信息处理系统

目前，90%以上的水库大坝安全监测所得的观测资料无法及时分析，难以及时为大坝安全服务。尽管大坝安全监测已经能够做到监测数据自动采集，但是如果没有监测数据的实时分析，大坝运行性态的实时评价就难以实现。做不到这一点，大坝安全监测就没有真正成为大坝安全的耳目，没有起到应有的作用。因此近年来大坝安全自动分析评价软件已有不少单位在研制，在进行自动信息处理系统的功能设计时，一定要注意三个方面：首先是功能性能满足规范要求，如数据报表格式、资料整理、整编分析方法等；其次是必须有针对性，切忌将混凝土坝软件直接套用到土石坝上；第三是必须注意信息处理应该包括巡视检查信息。

### 4.3.6 预警指标及其拟定

#### 4.3.6.1 挡、泄及放水建筑物

对于没有实测资料的高风险水库，可以采用数值模拟结合参数反演的方法进行预报预警。对于有实测资料的，可以按下述方法建立预报模型（图4-4），通过最优预报模型和误差分析，实现预报预警。预报预警需要的主要步骤包括以下内容。

（1）工程结构特征分析。

通过实测资料分析、现场调查研究、结合相关计算等，分析各建筑物的特点，为下面选择合理方式进行预报预警奠定基础。

（2）数值模型选择。

对于缺乏监测资料的工程，通过大数据分析拟定材料和结构参数，采用数值模型的方法实现预报预警。

（3）测值序列特征分析。

对存在可靠实测资料或当实测资料积累到一定程度时，可以采用逐步回归分析、支撑向量机、神经网络等方法建立预报预警模型。最优监控模型建立对于不同坝型、不同监测项目和测点信息，根据时间、空间相关分析和力学机理分析，选择相应的模型及模型因子，通过试验确定最优监控模型。最优模型检验指标包括预报时间检验、预报精度检验、预报稳定性检验。

将相应的实测因子输入模型再加上模型误差即可得到单测点动态监控指标。根据预警模型计算预测值，并与实测值进行比较，当差值超差，生成预警。

#### 4.3.6.2 金属结构与机电设施

金属结构及机电设施的预报预警通过采集相关参数（表4-14），通过与仪器正常工作状态下要求的正常区间进行对比，从而实现对金属结构和机电设施工作状态的预报预警。

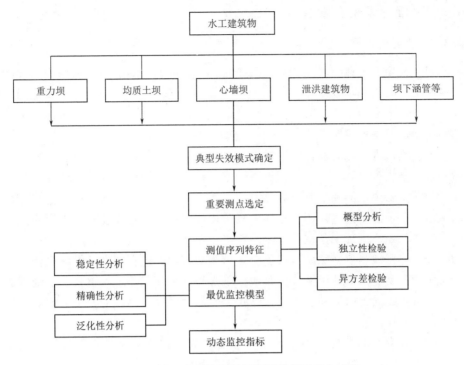

图4-4 基于实测资料的预报预警模型建立过程

表4-14                     金属结构与机电设施监测信息表

| 序号 | 监 测 要 素 | 监 测 仪 器 |
|---|---|---|
| 1 | 闸门开度 | 闸位计 |
| 2 | 限位 | 限位开关及传动机构 |
| 3 | 荷重 | 荷重仪 |
| 4 | 电流/电压 | 三相功率表 |
| 5 | 振动 | 加速度传感器 |
| 6 | 噪音 | 噪音检测仪 |
| 7 | 闸门、启闭机等部位视频信息 | 网络摄像机 |
| 8 | 油位 | 液压油系统 |
| 9 | 油压 | 压力传感器 |
| 10 | 油温 | 温度传感器 |
| 11 | 温度 | 温度检测仪 |
| 12 | 自动化控制 | 一体化自动测控装置 |

### 4.3.7 配套设施及安装

#### 4.3.7.1 配套设施

（1）光学变形测点墩应旁离建筑物距离 1m 以上，测点墩应采用钢筋混凝土观测墩且必须同坝体或基础结合良好，高度不宜小于 1.5m。视准线各测点基座中心应该在两端点中心的连线上，其偏差应小于 10mm，观测墩顶部的强制对中基座倾斜度应小于 4′。

（2）垂线观测墩与坝体结合情况、倒垂孔深、护管及有效孔径必须满足实际要求。垂线测点宜建造有专门的观测室，线体考虑防风情况等。护管有效孔径必须满足安全监测要求且保证线体处于自由状态，必要时应进行复位实验，试验结果必须满足要求。倒垂浮体组宜采用恒定浮力式，钢丝张力必须满足相应规范要求，正倒锤钢丝抗拉安全系数不小于 3。

（3）引张线测点必须设有保护箱，引张线护管有效孔径必须保证线体自由且线体应不受空气流动影响。引张线挂重必须满足规范要求，引张线活动端必须保证引张线能自由活动。引张线体张力、最大垂径和钢丝的安全系数必须满足规范要求。

（4）静力水准钵体必须与建筑物结合紧密，钵体无漏液、无锈蚀、无干涸。水管管路连通良好、无大折弯及漏液，管内无气泡。

（5）真空激光准直系统管路必须保证真空度满足要求。真空激光准直波带板应垂直于准直线，波带板中心偏离中心线距离不得大于 10mm，距离点光源最近的几个测点偏离值不得大于 3～5mm。

（6）测压管结构和透水管段埋深等必须满足相应的规范要求。量水堰结构及测量仪器安装位置要满足规范要求，同时要求量水堰板平整无锈蚀，堰结构内无杂草、杂物，测压管必须设置合适的管口装置。量水堰应设在排水沟的直线上，堰槽应采用矩形断面，堰槽两侧应平行和铅直，堰槽全长应大于 7 倍堰上水头，但不小于 2m。堰板应与水流方向垂直并直立，且堰板结构和材料应该满足长期准确测量要求，以保证堰口水流形态为自由式。测读堰上水头的仪器或水尺、测针应设在堰口上游 3～5 堰上水头。尺身应铅直且其零点高程应与堰口高程之差不得大于 1mm。当渗流量小于 1L/s 时，宜采用容积法；当流量为 1～70L/s 时候宜采用直角三角堰法；当流量为 50～300L/s 时宜采用梯形堰法或矩形堰。

#### 4.3.7.2 电缆敷设

电缆敷设宜尽可能利用现有电缆通道，做到整齐顺直，必要时应作上标识。电缆接头、保护、芯线敷设宜尽可能利用现有电缆通道，做到整齐顺直，必要时应作上标识。电缆护套、芯线截面积、芯线电阻及电阻变差、芯线颜色、电缆结构、屏蔽和绝缘电阻等必须满足相应监测规范和实际监测的需要。

## 4.4 对水库督查的基本要求

### 4.4.1 安全监测督查流程

为做好大坝安全监测管理的督查工作，要求督查人员必须熟悉水利部《水库运行管理督查工作指导意见》。对《大坝安全管理条例》《土石坝安全监测技术规范》《混凝土安全监测技术规范》《混凝土坝资料整编规程》相关条款应熟练掌握。对于水库运行管理督查工作而言，就是检查水管单位对大坝安全监测有关法规落实和执行情况，一般遵循图 4-5 所示的流程。

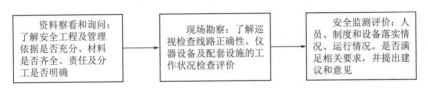

图 4-5　安全监测督查流程图

### 4.4.2 安全监测督查的主要内容

通过督查水库大坝管理和主管单位大坝安全监测有关的法律法规执行情况，有关规章制度的落实情况、技术人员配置情况、专项经费使用情况等，达到了解情况，发现问题，分析问题，提供决策和改进大坝安全管理工作服务。安全督查主要采取随机抽查方式，从以下方面对大坝安全监测工作进行督查，如附录 4 所示。

（1）检查是否制订工程检查制度，对照规范，检查制度的检查内容、频次等是否满足要求。

（2）工程检查是否有专门的记录手册，并按规范规定的表格形式和制度规定的内容、频次等进行详细记录。工程各部位检查内容是否齐全，检查记录是否规范，有无初步分析及处理意见，并有负责人签字。

（3）现场查勘大坝坝顶、迎水坡、背水坡及坝趾、坝基和坝区、输、泄水洞（管）、溢洪道、闸门及其启闭机等主要设施，对照巡视检查记录、汛前汛后安全检查报告等资料，检查各资料中反映的问题是否与现场查勘结论一致，并综合得出工程现状存在的问题。

（4）检查管理单位对大坝隐患险情位置、类型、危害程度的掌握情况。

（5）检查安全监测设施、监测仪器的使用、维护和标定情况，了解相关人员对安全监测法规以及技术标准的熟悉程度，了解相关仪器设备的完好情况和自动化系统运行维护情况。

（6）检查工程观测资料整编（是否绘制各观测项目过程线图，每年 1 次）、刊印（1～5 年 1 次）、分析和刊印情况。

# 5 省域大坝安全自动监测平台

从水库大坝安全管理的实际要求出发，在统筹规划的前提下，充分利用已有的各类信息基础设施，加快业务应用建设与管理，全面推进安全监测采集标准化、规范化体系建设，提高水库大坝安全监测精度、密度，加强水库工程运行状态的实时性监控分析，形成全省范围内水库一体监管平台，实现资源共享是新时期省域大坝安全自动化监测的发展要求。

省域水库大坝安全监测规划建设的总体目标是建立起完善的安全监测基础设施、上下一体的数据汇集共享平台、功能比较完备的水库大坝安全业务应用、统一规范的技术标准和安全可靠的保障体系，构建适用于全省的水库大坝安全监测信息化综合体系，初步实现安全监测自动化。本章以山西省为例，介绍充分应用现代信息技术，满足水库大坝安全业务需求，开展省域大坝安全监测平台建设的积极尝试，全面提高了水库大坝管理工作的效率和效能，大幅提升水库防洪抗灾的综合能力。

## 5.1 系统总体架构

省域水库大坝安全监测信息化建设任务是建设完善的监测信息基础设施，营造信息化保障环境，围绕监测自动化、数据汇集共享及相关重点业务应用，建立和完善水库大坝安全监测信息化综合体系。主要包括基础设施、数据汇集共享平台、安全应用系统以及工程保障体系等四部分，如图 5 - 1 所示。

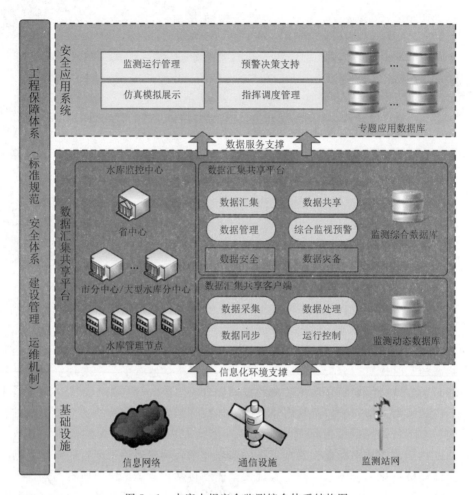

图 5-1　水库大坝安全监测综合体系结构图

### 5.1.1　基础设施

1. 安全监测采集系统

依托全省水库大坝安全监测的总体规划，对大、中、小型水库的各项安全监测信息采集范围、内容、规格要求做出统一规划指导，启动安全监测采集系统的建设，通过对全省水库大坝安全监测信息采集系统的整合与完善，结合信息采集新技术、新方法的引进，不断提高监测数据时效性、增强数据检查纠错能力、丰富监测项目和手段、提升系统整体利用率，最终建成体系完整、内容齐全、时效性与业务应用需求相适应的综合信息采集系统。

按照统一、公用、体系化综合应用原则，以信息采集、通信设施、信息网络建设为重点，进一步加强水库大坝安全监测信息化基础设施建设，大力推进监测信息存贮、共享、服务设施与机制的建设，丰富监测信息源，有效提高水库大坝安全管理业务应用中需求与信息资源不足、共享困难的矛盾。

### 2. 信息通信网络系统

依托信息网络和通信设施建设成果，建成覆盖省、市、水库三级的水库大坝监控中心，构建集数据汇集、共享、管理、服务于一体的高性能、分布式实时数据服务平台，进一步改善各级管理单位的软硬件环境，加强省级水库监控中心的数据安全体系和灾备能力，提高水库大坝安全监测数据精度和质量，逐步实现全省水库大坝安全一体化全景监控和联合调度。

利用省级水利相关系统工程建设的网络资源，结合移动通信、卫星通信、网络通信等技术，建设上达省级水利主管部门、下至监测设备的多级信息传输网，初步解决安全监测采集节点到各级数据汇集中心之间的互联互通；并随着业务需求的发展和信息采集设施的完善，逐步扩充网络覆盖面、优化网络结构、提升网络的传输能力、增强信息传输的可靠性和安全性，为水库大坝安全监测管理提供数据交换、音视频信息通讯和应用访问等服务。

连接中央、流域的信息网络使用全省统一的水利信息骨干网络，连接省、地市、大型水库省区网在遵循省级水利信息化规划的原则下，由省水利厅牵头统一规划和组织建设，并配置相应的网络管理设施，对其进行管理；各地市及下属机构的地区网的根据实际情况另行规划和组织建设；监测设备到汇集中心的采集网建设根据实际地域环境使用主流的通信信道，并统一规划采用卫星通信作为备用信道。

## 5.1.2　数据汇集共享平台

数据汇集共享平台由省级水库监控中心、大型水库监控分中心和地市级水库监控分中心、中小水库管理节点共同构成，在信息汇集、存储、处理和服务的过程中发挥核心作用，实现全省水库大坝安全监测信息资源的共享和优化配置，满足业务应用多层次、多目标的综合信息服务需求。

以重点项目为龙头，依托关键技术开发和示范系统建设，集中力量解决开发模式、技术架构选型等关键性难题，初步完成水库大坝安全信息综合展示、工程安全监测处理与分析、监测预警预报、水库安全专家会商、水库工程三维展示、移动巡查定位等具有安全监测特色的业务应用系统开发，同时加大水库大坝相关信息资源开发利用以及优秀软件应用推广力度，基本满足主要水库大坝安全管理对信息技术应用的需求，逐步实现全省范围内主要水库大坝工程自动化监控管理的目标，提高行政决策的信息化水平。

### 5.1.3  安全应用系统

水库大坝安全监测应用系统建设依托于信息化基础设施的建设情况，不同类型的业务系统对基础设施的要求差异很大，因此各类业务应用系统的建设要和信息化基础设施的建设密切结合。

规划应以水库安全信息综合展示系统、工程安全监测处理与分析系统、监测预警预报系统、水库安全专家会商系统、水库工程三维展示系统、移动巡查定位系统等建设为重点，满足水库安全监测的需求。在此基础上进一步完善已建系统，逐步开展溃坝模拟与预警系统在内的大坝安全风险评估系统、水库联合防洪调度系统、疏散区域图像监视系统与广播系统在内的应急指挥系统等业务应用系统建设，以全面实现水库大坝安全管理信息化为目标，全方位提高水库大坝综合服务能力。

水库大坝安全监测应用系统在省、地市、大型水库的应用大致相同，但各地地理环境和信息化基础设施建设水平不同，结合不同管理范围和层次，各业务系统在不同节点上的实现需各有侧重。因此，省、地市、大型水库级要根据实际情况和不同应用目标，有针对性地建设各级应用系统。

### 5.1.4  工程保障体系

工程保障体系由标准规范体系、安全体系、建设管理、政策法规、运行机制以及专业化人才队伍等多要素共同构成。保障体系是水库大坝安全监测综合体系的有机组成部分，是信息化得以顺利进行的基本支撑。为保证信息基础设施与业务应用建设的顺利进行、运行的持续稳定和作用的有效发挥，保障环境的建设必须与之相结合、相协调，并适度超前。

规划应围绕提高认识、统一规划、启动建设等方面，制定和执行相应的政策法规、技术标准，同时做好保障环境自身的建设工作。采取相应的行政和技术手段，预防和解决工程建设过程中存在的矛盾和问题。通过政策、标准、规范、措施等要素的不断完善，形成完整的工程保障环境。

继续推进和完善以标准规范、安全体系、规章制度、专业社会化服务为重点的信息化保障环境建设，使之与基础设施和安全管理业务应用的发展相适应，实现主要技术环节有标准、信息安全达到国家要求、建设与运行管理机制科学有效、运行管理与科研共赢的目标。重点完成以系统规划、设计、开发、验收和运行维护管理等基础性标准为主体的信息化标准的编制与实施；根据实际工作需要，逐步建设完善相关安全策略，建立健全身份认证、授权管理和责任认定机制，初步形成信息系统应急响应与容灾备份体系，并进一步完善安全管理规章制度；积极探索信息化建设与运行维护管理的长效运行机制，拓宽信息化建设投资渠道。

## 5.2 工程基础设施

工程基础设施主要包括信息网络、安全监测站网两部分。

### 5.2.1 信息网络

山西全省现役水库 600 余座，不仅分布广，而且大多位置较为偏僻，结合当前山西省水库大坝安全监控系统建设实践，为实现监测数据的集中管理目标，探寻科学合理的公网无线数据传输方式具有积极意义。

#### 5.2.1.1 网络需求及特征分析

（1）大坝安全监测数据传输特点。

鉴于水利信息的安全性及目前计算机网络远程接入技术的发展，汾河水库、汾河二库的大量监测和视频数据采取数字电路专线传输到省中心平台是目前最有效、经济、安全的方法。但要实现水库到省平台的数据传输方式，有如下几个重要因素需要研究。

1）对大中型水库而言，如果能把数据传输到省中心平台的数字专线只有一条，则一旦连接这条数字专线两端的设备、线路或采集服务器等出现故障，则整个水库大坝的监测数据将不能及时传输到省中心平台。

2）水库有多个 MCU 通过光纤连接采集服务器，如果连接某个 MCU 的光纤或两端连接设备出现问题，则这个 MCU 所采集的数据也不能及时传输到省平台。

3）对于小型水库，由于监测数据量小，如果通过数字专线来传输数据，代价非常之大，而通过 GPRS/3G/4G 把水库 MCU 数据直传省中心又非常必要。

4）对于偏远或通信不方便的区域，前端传感器采集的数据可以直接通过 GPRS/3G/4G 传输到省中心，不再需要采集服务器等较大的硬件投资。

目前移动通信技术已稳定成熟且覆盖范围广，所以研究大坝安全监测数据通过 GPRS/3G/4G 直传省中心是非常重要和必要的。

（2）各种无线数据传输的对比。

无线数据传输根据传输距离，分为近距无线传输和远距无线传输两类。

近距无线传输主要包括无线局域网 802.11（WiFi）、超宽频 UWB（Ultra

Wide Band)、ZigBee、短距通信（NFC）、蓝牙（Bluetooth）、红外数据传输（IrDA）、WiMedia、GPS、DECT、无线 1394 和专用无线系统等。此类传输方式受限于传输距离，无法应用于长距离的数据传输。

远距无线传输主要包括微波和借用公网通道的 GPRS/2G/3G/4G。微波传输在无障碍、发射端和接收端相对的情况下，点对点可进行 5km 内的稳定连接，因水库遍布全省且有大山阻隔，微波传输不适用于水库监测管理数据的传输。

无线公网 GPRS/2G/3G/4G 通信技术目前发展都已非常成熟，特别 GPRS/2G/3G 通信覆盖范围广泛，其中传输量速率方面 2G 为 9.6kB/s，GPRS 为 115kB/s，3G 可达 16MB/s，4G 可达 100MB/s，所以实际应用中可根据不同的水库安全监测数据流，采用不同的无线公网传输方式。

（3）组网方式的对比。

无线公网 GPRS/2G/3G/4G 网络具有组网便捷的特点，可兼容市场上所有 802.11a/b/g 客户端，同时满足各种终端（包括嵌入式终端、移动终端等）的数据传输需要。

基于 GPRS/2G/3G/4G 网络有三种可行组网方案，分别为：①数据中心公网动态 IP＋DNS 解析服务；②数据中心公网固定 IP；③无线 VPDN 方式。

1）数据中心公网动态 IP＋DNS 解析服务组网方案：

数据中心通过无线网卡接入 Internet 网络，大坝前端传感器与无线 DTU 相连接入 Internet。这种方式获取的都是公网动态 IP，前端与数据中心无法直接建立连接。

该组网方式须先申请域名，然后与 DNS 服务商联系开通动态域名，在数据中心展示平台运行动态域名进而解析客户端程序，最后各站位先采用域名寻址方式连接到 DNS 服务器，再与数据中心的公网动态 IP 建立连接，最终完成监测数据的传输，网络结构如图 5-2 所示。

2）数据中心公网固定组网方案：

由于数据中心的服务器具有公网固定 IP，大坝各站位直接向数据中心发起连接。

这种组网方式运行稳定可靠。根据水库大坝安全监测技术要求，本次采用数据中心具有公网 IP 的方式进行数据传输。

（4）数据传输方式研究的主要内容。

以 GPRS/3G/4G 为主要公网无线传输方式进行大坝安全监测数据传输，如果有 MCU 的通过 MCU 无线直传；无 MCU 的（如全站仪、北斗 GPS 变形监测、环境量等数据的传输）从采集服务器到云平台服务器传输。

通过 GPRS/3G/4G 移动网络实现多路 MCU 采集数据无线直传及 PC 数据

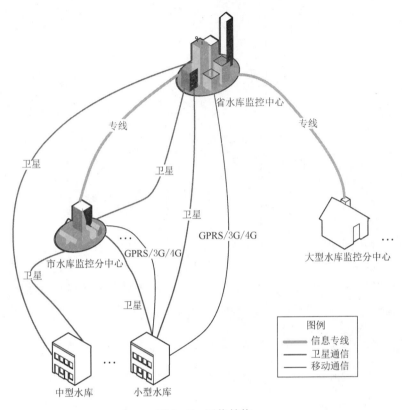

图 5-2  网络结构

的公网无线数据传输。

（5）多个 MCU  公网无线数据直传的实现方法。

1）MCU 大多数是 485/232 串口输出，不仅要通过有线（如光纤等）连接本地采集服务器，而且要通过 GPRS 公网直接传输数据到省数据中心，同时要保证有线和无线传输的数据一致。所以要解决几个技术问题：一是多个 MCU 485/232 串口数据如何转换到 GPRS 网络传输及接收，也就是多个 GPRS 设备组网进行数据传输；二是保证有线和 GPRS/3G/4G 无线数据采集不冲突及数据的一致性、完整性。系统网络结构如图 5-3 所示。

2）MServer 是开发在 Windows 操作系统上的无线通信服务软件，实现了 GPRS 数据传输。它包括后台服务程序和前台控制台程序。

后台服务程序以 Windows 服务的形式运行于操作系统后台，负责无线数据终端和 DCC（用户数据服务器）的通信，包括对无线数据终端的管理、测试、数据收发等功能，以及与 DCC 之间的数据交互。管理员通过前台控制台程序对后台服务程序进行配置以及对终端进行管理，不需要新启动

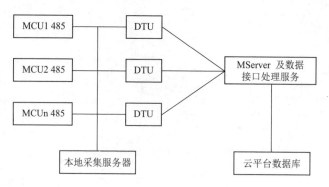

图 5-3　MCU 无线 GPRS 数据直传网络结构

服务。

前台控制台程序，在不需要时，可以关掉程序但不影响后台服务运行。终端（MDevice）通过 UDP、TCP、ETCP 三种方式和 MServer 相连，DCC 则通过 TCP 方式和 MServer 相连。MServer 可以接受多台终端同时连入和多个 DCC 同时连入，从而解决了多台 GPRS 终端安全、稳定的组网、数据传输，其系统结构如图 5-4 所示。

图 5-4　MCU 无线 GPRS 数据直传网络系统结构

3）接收及数据处理程序通过与 MServer 数据服务中心进行数据交换，并通过自定义的握手信号来实现数据的完整性和一致性。

（6）PC 端到服务器端的公网无线数据直传实现方法。

传统的 4G 公网无线路由器接入网络设备的方法，是通过 DMZ 主机在无线路由器上面做一个 DMZ 主机设置。然后在公网上通过访问无线路由器拨号后得到的 IP 来访问网络，这种方式使用方便，但是受到以下问题的限制，分别是：拨号后得到的 IP 地址为内网地址；拨号得到的 IP 地址从公网不能访问到无线路由器；拨号得到的 IP 地址是动态地址，每次得到的 IP 地址都是不一样的。这种情况下可以通过动态域名方法解决访问问题，但是免费的动态域名不能保证稳定可靠。

通过 VirHub 软件可以解决以上问题，并搭建、使用无线远程系统。4G 无线路由器通过 3G/4G 网络连接到 Internet，并和服务器端的 MServer 建立连接，在服务器上则运行 VirHub 软件，也连接到 MServer 上。把 VirHub 服务的 IP 地址和服务器的 IP 地址设置在一个网段，这样就把 PC 端电脑通过 4G

路由器和服务器连接起来，相当于所有设备在一个虚拟的局域网内，可以实现自由的通信，然后通过专用数据传输来实现数据交换。

PC 端到云服务器通过公网无线 4G 数据的直传主要是通过 4G 设备组网，并通过上述 Virhub 路由软件和 Mserver 服务软件来实现。

（7）安全性。

数据传输采用对称加密的方法，采用 DES 算法，加密和解密用户约定的密码，保证了数据的安全性。

## 5.2.2 安全监测站网

1. 大型水库的安全监测参量

大型水库大坝安全监测系统根据相关监测技术规范要求，布置的监测项目比较多，一般包括环境量、外部变形、内部或廊道表面变形、渗透压力或扬压力、混凝土应力或接触土压力等。同时由于大型工程结构复杂，因此其组网有时必须采用多种通讯组网方式，如廊道内外分别采用有线—无线、无线—无线、有线—有线、无线—有线等混合组网方式，典型大型水库大坝安全监测设施布置如图 5-5 所示。

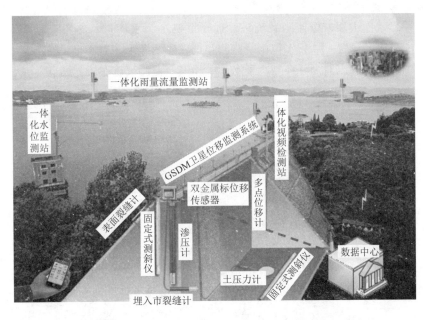

图 5-5　大型水库大坝安全监测设施布置示意图

2. 中型水库的安全监测参量

中型水库大坝安全监测系统相对大型水库大坝少了混凝土应力或接触土压

力等，其通信组网方式一般采用单一组网方式或混合组网方式，典型中型水库大坝安全监测设施布置如图5-6所示。

图5-6 典型中型水库大坝安全监测设施布置示意图

3. 小型水库的安全监测参量

小型水库大坝安全监测系统一般选择重要小型水库进行布置，对于一般小型水库只需要设置一体化水位雨量监测和视频监测即可，对于重要的小型水库可以增加变形和渗流监测，典型小型水库大坝安全监测设施布置如图5-7所示。

图5-7 典型小型水库大坝安全监测设施布置示意图

## 5.3 数据汇集共享平台

### 5.3.1 平台规划结构

根据山西省水库大坝安全监测信息类型及水库运行管理需求，选择平台结构，如图 5-8 所示。

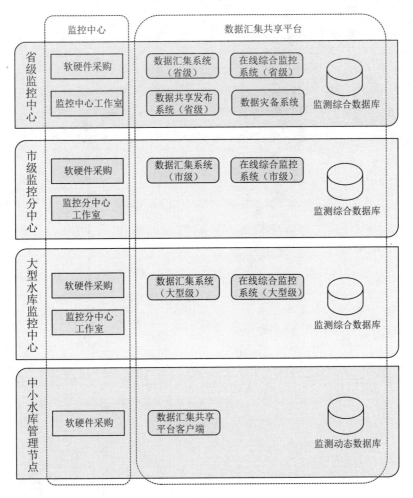

图 5-8 平台结构

平台结构采用省级监控中心、市级监控分中心、大型水库监控中心、中小水库管理节点四个层次，各层次根据其面临的主要业务需求进行相关业务设置。

根据全省水库位置、监测信息量等特点为保证网络的可靠性和有效性，设置混合组网方式，如图5-9所示。省中心采用实时高带宽信息连路；市分中心和下属中小水库根据信息量分配通信带宽，在整个网络结构中采用分网和专网混合网络结构，充分利用已有通信介质，并考虑必要备份。

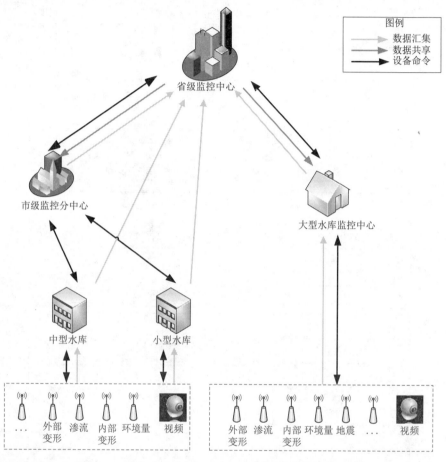

图5-9　省级平台网络结构拓扑图

## 5.3.2　监控中心建设

监控中心的建设规划包括省级、地市/大型水库、中小型水库管理处三级机构，规划完善软硬件环境，构建各级监控中心，实现水库分级管理和安全监测数据的汇集共享。

1. 省级监控中心

（1）构建省级监控中心，部署在省级大坝安全管理部门。

（2）在现有可用的软硬件环境基础上，增配满足省级数据汇集共享平台运行要求的软硬件设备。

（3）研发省级数据汇集系统，实现管辖区内的水库安全监测数据的一体化汇集管理。

（4）形成监测综合数据库，实现数据的管理、共享、分发。

（5）建立监测综合数据灾备系统，实现数据异地备份。

（6）打造山西省水库大坝安全在线综合监控系统，实现从总体上实时监控全省范围内的水库大坝安全运行情况。

2. 市级监控分中心

（1）构建地市级监控分中心，部署在市局。

（2）在现有可用的软硬件环境基础上，增配满足市级数据汇集共享平台运行要求的软硬件设备。

（3）研发市级数据汇集系统，实现管辖区内的水库安全监测数据的一体化汇集管理。

（4）形成监测综合数据库，实现数据的检查、整编、标准化处理。

（5）研发市级水库安全在线监控系统，实现区内水库安全实时运行管理，并可实现远程设备管理。

3. 大型水库监控中心

（1）构建大型水库监控分中心，部署在相应水库管理局。

（2）在现有可用的软硬件环境基础上，增配满足数据汇集共享平台运行要求的软硬件设备。

（3）研发大型水库数据汇集系统，实现水库大坝安全监测数据的一体化汇集管理。

（4）形成监测综合数据库，实现数据的检查、整编、标准化处理。

（5）研发大型水库大坝安全在线监控系统，实现水库安全实时运行管理，并可实现远程设备管理。

4. 中小水库管理节点

（1）在现有可用的软硬件环境基础上，增配满足数据汇集共享平台客户端运行要求的软硬件设备。

（2）研发数据汇集共享平台客户端，实现水库安全监测数据的实时汇集管理。

（3）形成监测动态数据库，实现数据的检查、整编、标准化处理。

## 5.3.3　数据汇集共享平台建设

1. 平台建设

数据汇集共享平台由数据汇集系统、数据共享发布系统和在线综合监控系统三部分组成。

（1）数据汇集系统。

建立能够支持多种数据接口、多种数据格式、多种汇集方式的水库大坝安全监测数据汇集系统，实现全省范围内的水库安全相关数据资源的汇集、管理。汇集数据的内容主要包括：自动监测数据、人工报送数据、水文整编数据、水库工程基础数据、巡查记录数据、历史水库监测数据以及文档、图像、视频等材料数据。功能模块包括以下几个方面。

1）数据汇集。

系统具备支持不同监测采集协议的动态数据汇集功能；人工测报信息录入功能；整编数据汇集功能、基础数据汇集功能、文件数据汇集功能以及实时视频接入功能等。

2）数据处理。

针对在建设或已建信息系统，汇集系统都能够全面满足接入的各种条件和数据的变化，通过一系列的标准流程将不同系统的数据清洗、整编、标准化后写入到中心数据库。

3）数据同步。

系统提供中心、分中心数据库的同步机制，确保所有水库大坝安全监测信息的实时性、一致性和准确性。

（2）数据共享发布系统。

建立对省、市、县三个管理层级的相关职能部门、区辖地域内具有水资源开发利用行为的部分特定社会被管理对象、社会公众，并可为中央水库主管部门和流域管理机构提供数据服务，对内部应用系统提供基础数据的数据共享发布系统。

1）数据共享。

系统要求支持应用数据、分析成果数据及工具、告警数据和平台能力等方面的应用服务接口。数据服务接口支持查询式和推送式两种接口访问方式，这样可以有效规划数据服务资源分配，利用平台服务调度功能提高数据服务效率，也可精细化管理监控各个数据服务。

2）数据分发。

系统根据专业应用系统需求，定制一系列专题数据分发服务，将各类业务所需的数据分发给业务系统使用。根据应用场景的不同将数据的分发分为两种方式：透传和转发。

透传：中心将原始的协议数据直接发送给相应的有数据需求的分中心，中心主要提供通信接入，不对协议数据做解析，透传主要针对异构硬件、异构网络和异构软件的场景。

转发：中心将标准化后的数据发送给相应的有数据需求的分中心，中心完成从通信接入到数据处理、分析的完整汇集流程，最后将标准化数据转出。

3）数据交换。

针对其他相关部门和社会公众的数据交换需求，定制专门的数据交换服务，便于水库安全监测数据的共享，提升数据价值。

（3）在线综合监控系统。

建立以图、表、文字等多媒体形式，清晰简洁、图文并茂地实时展示水库各类安全监测数据及其运行指标，直观反映各个水库安全监测设备运行状态和安全隐患处理情况等信息。

1）综合信息监视。

综合信息监视通过 WEBGIS 展现各个水库工程各类监测站网实时采集的监测信息和设备运行情况，以便中心全面了区内水库安全运行的总体情况。

a）实时监视。

通过 WEBGIS 形式显示实时刷新显示各监测站的实时监测数据。在提供环境量、形变量、渗流量等实时监视的基础上，充分发挥地理信息系统的优势，提供基于地理信息的方便、快捷的分析功能，包括等值分析、缓冲区分析、关联分析等。

b）监测信息查询。

提供各类测站监测信息查询，可查询一定时期内的时序监测信息，提供图表方式相结合查询。提供监测信息召测功能。

c）测站信息查询。

提供测站基本信息的查询功能，包括测站名称、编码、位置、类型等信息。

d）设备运行状态查询。

通过 WEBGIS 形式显示各监测站的设备运行状态信息，同时可查询设备通讯与电压等参数信息。

e）分中心运行状态查询。

通过 WEBGIS 形式显示各分中心节点的总体运行状态信息，提供点击查看分中心具体各组运行指标状态情况的详细信息，便于分中心的监管和指挥调度。

f）数据共享监视。

系统提供数据共享服务运行状态、调用情况的监视，列出各类数据服务的访问次数、响应极值、启停状态等信息。

2）综合信息告警。

针对实时监测信息、设备运行信息和分中心节点运行信息，平台通过 WEBGIS 提供实时闪烁告警功能，可显示各类超警的信息，并支持针对不同用户进行个性化告警条件定制。

a）告警信息浏览。

通过 WEBGIS 形式显示各类超警信息，超警站点进行闪烁显示，超警信息标注在站点位置上，提供超警详情查询。

b）告警条件定制。

提供针对不同监测信息的告警条件设置功能，同时针对不同的登录用户可定制不同的告警条件，满足不同业务或岗位人员的个性化需求。

3）移动信息管理。

系统提供移动管理功能，提供便捷的信息采集查询通道，可由移动终端进行数据采集上报、实时数据监控、业务告警、数据查询、远程设备控制等功能，便于水库安全监测信息及时有效的传达和共享。

移动平台要求支持面向 IOS、Android 操作系统的应用管理软件，支持目前主流的所有基于以上两款操作系统的移动终端设备。移动设备通过安装该移动终端应用软件，即可获得移动终端服务，在手机上或者平板电脑上进行平台数据的浏览、查询、分析、控制，亦可以针对已接入设备进行诸如终端参数配置、终端参数查询、终端远程控制、终端远程唤醒、终端故障管理等操作。

2. 数据库建设

数据库建设包括水库大坝安全相关所有基础、实时、历史信息的监测综合数据库以及水库大坝安全监测原始数据的监测动态数据库。

（1）监测综合数据库。

整合全省水库大坝相关数据资源，建立全省范围的水库大坝安全监测综合数据库。主要内容包括：水库工程基本信息、测站基本信息、环境监测信息、渗流监测信息、外部形变监测信息、内部形变监测信息、地震监测信息、视频监控信息、水库历史监控信息以及相关文档资料和地理信息等。

市级、大型水库分中心也同样部署该综合数据库，在数据资源的内容上只包含本辖区内的水库综合信息。

在数据管理上，同样采用分级管理的思路，由各分中心完成综合数据的整编处理和管理，向上同步到省级；省级作为数据综合汇集节点，实现数据的审核和备份，同时也可将相关数据下发到分中心，最终形成上下一致的水库大坝安全监测数据库体系。

（2）监测动态数据库。

监测动态数据库存储实时汇集来自监控终端的实时监测数据和经过分析处理后的原始数据。实时数据，只保留本年度的所有监测数据；原始数据，保留历年所有的经过分析处理后的数据。

该库体要求在省、市、大型水库、水库管理处各级进行部署，便于原始数据的汇集、整编和应用。

3. 数据灾备系统

针对省级监测综合数据库资源，建立异地容灾备份系统，利用通信网络将关键数据定时批量传送至备用场地。要求在充分分析综合数据安全要求的基础上，建立容灾备份策略，确定容灾备份方案，参考技术方案包括远程镜像技术、快照技术、互联技术等。

## 5.4 安全监测应用系统

### 5.4.1 应用系统架构

整个安全监测应用系统构建在数据汇集共享平台之上，满足工程安全管理各层次的业务需求，其总体架构如图 5-10 所示。

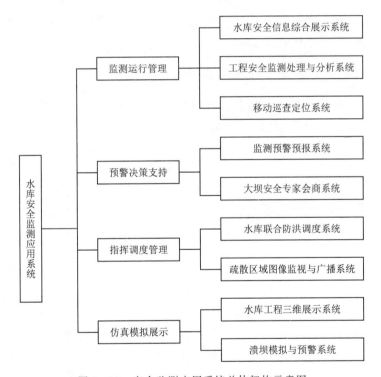

图 5-10　安全监测应用系统总体架构示意图

### 5.4.2 水库安全信息综合展示系统

1. 系统概述

水库安全信息综合展示系统是整个综合数据信息汇总的中心，在这里将完成对各专业系统传送上来的各种不同类型的相关数据的接收、监控、查询、存储、综合处理等；在水库安全信息综合展示系统中，可了解整个水库工程信息、水库水文信息、仪器设备监测、水库安全监控等各种专业文档、图形、报表、比较分析、查询和综合监视，实现综合信息展示。

2. 系统功能

水库安全信息综合展示系统主要包括以下几个功能：

（1）水库工程信息展示：主要包括大坝、闸门等设施的空间坐标、建筑信息、设备属性的展示和查询功能。

（2）水库水文信息展示：包括水库流域雨水情、地质特点、洪水特征、气候等方面的历史统计和实时监测等功能。

（3）仪器设备监测展示：设备状态的实时监测、远程监控、远程配置、视频监测等功能。

（4）水库安全监控展示：水库安全监测信息的实时监测、历史各类监测数据的查询比较、动态图表展示等功能。

### 5.4.3　工程安全监测处理与分析系统

工程安全监测分析系统应具有在线监测、工程性态的离线分析、预测预报、报表制作、图文资料浏览、监测数据管理、监控模型管理及安全评估等功能。将离线分析、预测预报的结果以直观的图形或窗口形式供有关管理人员掌握和了解水工建筑物的各项指标，如变形情况、渗流情况、警界值、分析拟合值等。同时将在线监测、监测资料的离线分析、预测预报、报表制作、图文资料浏览、监测数据管理、测点信息管理、监控模型管理及安全评估的结果和各项参数、指标以表格的形式供工程技术人员掌握和了解，如变形情况、警界值、分析拟合值、数据模型的形式、各影响因子的显著性、离散度、可靠性、温度、开合度、渗漏量、位移量、变幅、历史最大值、历史最小值等。

系统在不同级其功能是不同，其构成有所差别，在监控中心和大型水库监控分中心包括了本系统的全部功能，除了安全评估与预警功能仅在省级中心部署外；地市级分中心具有本系统的大部分功能，除监控模型分析以及离线分析中仅具有的图形分析功能外。这是考虑的系统应用的实际环境以及配置的操作人员水平，各级管理机构配套的应用系统，即使是同一级，由于其管理范围内的监测对象不同，其分析手段和信息管理的内容要区分有所不同来部署考虑。

1. 监控中心安全监测分析系统

根据上述原则将工程安全监测分析系统分为三大类功能：监测信息管理功

能、监测数据分析功能、监测信息发布和输出功能。主要功能模块包括工程安全文档管理、测点管理、数据入库、数据整编、在线分析、离线分析、综合查询、报表输出、信息发布等十几个一级功能模块及若干个二级功能模块。省级安全监控中心的分析系统包括了本系统的所有功能模块，侧重全省范围内水库安全运行情况的总览，监测信息的分析查询，以及提供专家会商的离线综合推理分析、监控模型分析和安全评估与预警等这些专业性强的功能。详细功能结构规划如图 5-11 所示。

2. 监控分中心安全监测分析系统

安全监控分中心应用系统的设计模块主要有：监测信息管理、监测资料在线综合分析、离线综合分析、综合查询、监测资料报表制作、监测数据、分析成果上传模块、WEB 发布的信息制作等模块。

安全监控分中心系统的功能包括如下内容。

（1）调取所辖段安全监控中心的数据信息，进行监测数据处理、分析，并上报安全监控中心。进行所辖段的安全异常状况进行复核评判，基本确定建筑物的结构异常程度，并对建筑物的安全状况进行预测预报等。

（2）工程安全监测信息的查询和显示。能够实时查询辖区内工程管理处信息以及上级的指令信息。

（3）上报所辖范围内建筑物结构异常信息以及分析结论。

（4）预警报警。当实时监测参数及其变化速率超过监控指标或测量限制时，发出基本的预警信号。

（5）对各建筑物的数据及分析结果信息进行核定以供发布。

依据这一层级分中心包括地市分中心和大型水库分中心的不同，其各自的功能结构规划分别如图 5-12 和图 5-13 所示。

3. 中小水库管理节点的安全监测应用系统

中小水库管理部门考虑其人力配置及技术水平，以配置分析应用客户端为主，通过客户端访问其相应的地市监控中心应用系统，主要实现的功能包括如下内容。

（1）人工观测数据、巡检数据、测点特性资料的录入，并将录入信息上传到中心。

（2）维护现场监测设施站点设备，通过客户端查询监测数据。

（3）通过客户端对监测数据进行初步分析，对所辖工程的安全状况进行复核，并将信息上传到中心。

（4）工程安全监测信息的查询和显示。能够实时查询管辖工程信息和上级的指令信息，实现与上级间数据、实时图形的双向交流。

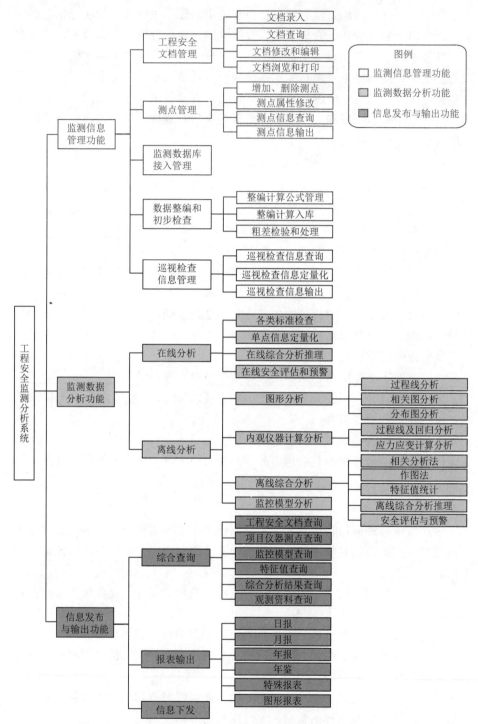

图 5-11　省级监控中心水库安全监测分析系统功能结构示意图

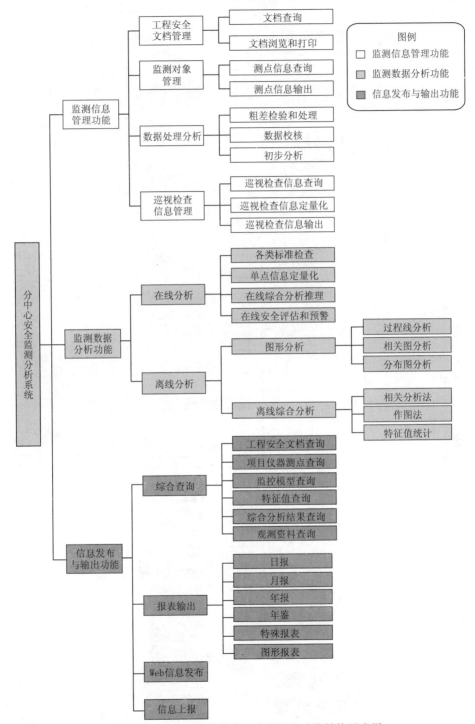

图 5-12 地市级监控分中心分析系统功能结构示意图

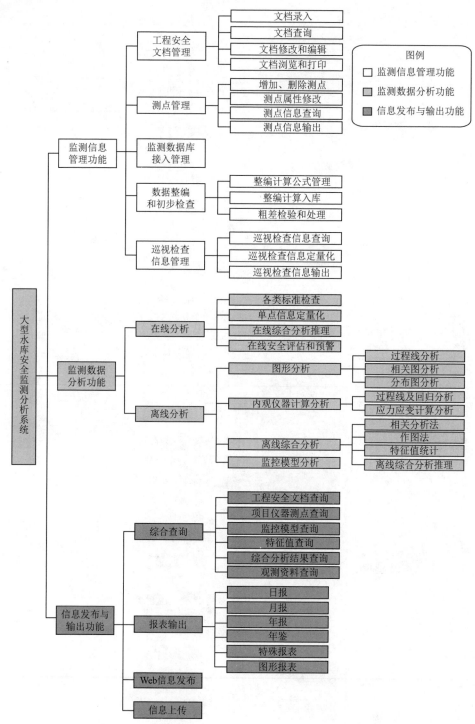

图 5-13 大型水库监控分中心分析系统功能结构示意图

### 5.4.4 移动巡查定位系统

*1. 系统概述*

水库大坝在自动监测、实时监控方面虽然可以制定周全的设计，但水库大坝安全归根结底是人的因素，通过日常巡护人员对大坝进行巡护是安全管理的基础，是水库管理部门的一项重要日常工作。移动巡查定位系统借助移动通信技术，对巡护人员路线定位，对大坝安检巡护员进行管理调度系统，为大坝安全管理提供科学有效的人员管理。

*2. 系统功能*

（1）客观掌握巡检人员巡检到位情况。（巡更记录仪在巡更信息点获取巡更信息）。

（2）真实可靠地记录并保存管线和附属设施的巡行状况、运行状况。（巡护记录仪的摄像与拍照功能可以记录与反映真实的状况）。

（3）有效利用水库大坝和附属设施的运行状况、运行参数等历史数据，查询并对安全进行缺陷分析，提供安全巡护的辅助决策。（巡护软件获取有效的分析数据）。

### 5.4.5 监测预警预报系统

*1. 系统概述*

监测预警预报系统，可以实时在线监视系统各种动态数据、应用软件、各个节点和网络情况，根据预先设定好的报警项目、报警限值、报警级别和报警方式，发现有异常即自动报警。

*2. 系统功能*

（1）监测预警，包括如下内容：

1）对应突发事件分级和溃坝事件发生的可能性，按照预警级别也划分为不同颜色表示。

2）预警信息一般包括突发事件的类别、预警级别、起始时间、可能影响范围、警示事项、应采取的措施和发布机构等。

3）预警信息的发布。

4）预警信息的调整、查询和解除。

（2）洪水预告：系统采用自动定时预报、人工干预交互预报、追踪预报、暴雨总量预报等模式，实现洪水预报自动化。

（3）洪水调控：系统采用交互方式，统筹考虑水库上、下游防洪矛盾，水库防洪和兴利之间矛盾，正确处理好多目标关系，科学调度、优化调度、科学决策，对实时防洪形势进行动态分析。

### 5.4.6　大坝安全专家会商系统

大坝安全专家会商系统由大坝安全综合评价系统和专家会商机制共同构成。大坝安全综合评价系统是着重综合应用大坝安全监测领域内专家的经验性知识，经知识工程师的整编归纳和编译，再通过计算机来实现对大坝安全状况作出综合分析、评价和辅助决策的推理过程。

综合评价系统依据 SL 258—2017《水库大坝安全评价导则》（附录 1）等有关大坝安全法规、设计规范和专家知识，归纳整理成知识库和推理机；综合应用国内外在这一领域中的先进科研成果，建立具有多功能的方法库，结合具体工程，及时整编和发现观测资料，建立工程数据库。然后，通过专家会商机制应用模式识别或模糊评判，通过综合推理机，将定量分析和定性分析结合起来，对大坝安全状况进行综合分析和评价，并对发现的不安全因素或病险坝提出辅助决策措施的建议，实现实时分析大坝安全状态和综合评价大坝安全状况等目标。

基于此综合评价系统以及专家会商机制的确立，为有效发布预警对确保大坝安全，改善运行管理水平等都将起到重大作用，也为决策的科学性、准确性提供技术支撑，所以探索建立综合评价系统与专家会商和预警发布体系具有重大的实际意义和科学价值。

### 5.4.7　水库联合防洪调度系统

**1. 系统概述**

联合防洪调度系统是指分布在某一地区或流域或河流内不同位置的水库以协作方式互相配合工作进行整体洪水调度的系统。

随着社会、经济的发展，工农业用水、城市用水和生态用水等不断增多和国家对水利水电建设的重视，一些地区（流域）内修建了许多水库。水库在发挥社会、经济效益的同时，也给防洪调度决策带来一定的困难。为了提高对洪水灾害的反应和应变能力，科学合理地调度洪水，人们很自然地希望将水库群联合起来统筹考虑和统一调度，即联合防洪调度。

**2. 系统功能**

建立数据库、模型库和知识库。通过存储各种防洪调度所需的信息形成数据库，通过获取防洪调度方面的专家知识和评价机制形成知识库，通过提供各种实时数据处理模型、预报调度模型、风险分析模型等形成模型库。利用模型库和知识库为调度员提供决策支持。

系统主要功能通过 5 个子系统实现，它们包含从信息获取到信息表达、决策支持的全过程。

（1）网络数据服务子系统。

网络数据服务子系统是整个联合防洪调度系统的关键，不仅处理内部网络之间的数据传输，还负责处理多地数据传输。

该系统是应用的主体，可以随着应用的需要增加网络数据服务器的数目，构成新的更庞大的网络数据服务子系统；可以阻止应用程序直接对数据库进行访问，保证整个系统的安全运行，易于管理、维护；可以优化数据库访问，节省系统资源，同时提升速度和可靠性。

（2）数据库子系统。

数据库子系统实现各种防汛决策所需的实时数据、历史数据、预决策数据、地理信息数据以及对所有数据的管理和更新。根据防汛工作实际的需要，为了便于对实时数据、时段数据、历史统计数据、预决策数据和流域静态数据的查询，提高数据库检索效率，应建立实时数据库、时段数据库、历史统计数据库、静态资料数据库和预决策数据库。

当系统数据积累到一定程度后，随着数据量的加大，对历史数据的检索速度会逐步下降。但由于历史数据一般都与时间有关，因而可根据小时、日、旬、月、年等时段类别建立相应的历史数据库。对于小时、日数据，由于其数据量庞大，可能建立单独的库还不能提高检索速度，可以采用保存一定时间范围内的小时数据、应用数据库技术建立关键字、建立分表等方法来提高检索速度。

（3）模型库子系统。

模型库子系统是联合防洪调度系统的核心部分，包括各类支持决策的分析计算模型，例如流域水文模型、防洪调度模型和数据处理模型等；另外，还应具有管理、维护、运行和更新这些模型的能力。

1）流域水文模型。

流域水文模型提供信息支撑，预报精度直接关系到防洪调度结果和决策。流域水文模型的种类很多，有集总式流域水文模型、分布式流域水文模型和半分布式流域水文模型。目前在水文学科领域研究时间最长、影响最大、发展最快的主要是概念性流域水文模型。国内外的典型模型有新安江模型、Sacramento模型、Tank模型、前期降雨指数（API）模型、约束线性系统（CLS）模型、陕北模型等。国内科研单位和高等院校开发的一系列模型软件已交付使用并获得满意的成果。

随着现代科学技术的飞速发展，以计算机和通信为核心的信息技术在水文学科领域的应用，能够考虑流域特征空间变异性的分布式流域水文模型成为研究的热点之一。由于地理信息系统（GIS）软件已经能自动地形成网格和不规则三角形网格，数字高程模型（DEM）本身就是以网格和离散数字方式表达地面高程分布的数字模型，利用它不仅能自动生成流域水系和分水线，自动地按分水线划分子流域，而且能自动生成每个子流域反映流域水文特性的参数，如流域形状、水系、分水线、集水线、流向、坡度和其他地貌参数，并将上述资料作为 GIS 数据库中的一个基本信息源。这种描述下垫面空间分布的方法能够同时考虑降雨空间分布对流域径流形成的影响。所以，从理论上说，基于 DEM 的分布式流域水文模型能够真实描述和科学地揭示流域降雨径流形成机理。

本系统拟优先选用分布式流域水文模型。

2）防洪调度模型。

防洪调度是根据流域水文模型（洪水预报）、历史洪水、不同频率的设计洪水数据以及水情测报的实时数据，基于水调数据管理系统和洪水调度模型，利用水库的蓄泄能力对入库洪水进行蓄泄控制，达到削峰错峰、根除或减少洪水灾害的目的，使洪水造成的损失最小。在建立洪水调度数学模型时，都假设水库出库是一个连续的过程，而实际上大部分水库出库是受闸门控制的，闸门的泄流是一个不连续的过程，因此，建立模型时要将数学模型和闸门启闭方式结合起来一并考虑。

此外，可以根据水库的调节性能、退水规律、机组过流能力、面临时刻的雨水情、洪水预报、后期降雨预报、水库安全预泄能力等信息，在每场洪水峰顶过后不急于将水位降到汛限水位，利用拦蓄洪尾的水资源产生经济效益，实现防洪兴利调度。

利用防洪调度模型，制定水库的调度预案，安排闸门开启计划，通过网络数据服务子系统传输给分中心站或者中心站其他调度人员。

3）数据处理模型。

该模型主要功能是以水量平衡为依据，将采集的遥测雨水情数据、机组信息数据整理成用户要求的时段数据，并根据要求由分中心站向中心站数据库传输相应数据，向上级相关部门传输水情报文。

4）知识库子系统。

知识库子系统中的信息组成是根据防洪决策全过程对各种文档信息的需求来决定的。集成到决策支持系统中的知识库系统可以构成一个专家系统，主要由存放各种调度信息的信息库和对拟决策过程进行评价的评价库两个部分组成。信息库包括历史洪水资料、防洪政策法规、防洪专家知识（如：水文气象、防洪抢险、洪水淹没、撤退布置、救灾保险、修筑堤防等方面的知识）等。信息库的设计便于用户对这些文本、图片信息的有效管理和快速查询，以及今后对信息库的扩充、维护与修改。评价库主要是对调度过程的拟决策方案进行事中或事后评价。一方面，通过评价可以发现存在的问题，更好地进行防洪调度决策；另一方面，通过日常防洪调度可以完善评价指标，便于以后更好地进行防洪调度决策。

知识库子系统的评价库是一个涉及资源、社会、经济、生态环境的复杂系统，其不同子系统、不同层面之间具有多维协调或相关关系，是一个典型的半结构化、多层次、多目标的评价问题。对于这种评价的非线性，以及各个评价指标对不同地区、不同时期和不同水库的重要性不同，需要一些评价者的主观意见。层次分析法（AHP）是一种定性与定量相结合、将人的主观判断以数量形式表达和处理的评价与决策方法，能满足知识库评价要求。

5）查询子系统。

系统查询功能可以利用客户端的人机界面系统或者 Web 端的人机界面系统查询各种静态数据、实时数据、历史数据、决策支持数据及其他综合数据。对于常用的数据表格，可以提供报表的方式进行查询、打印，便于存储。

## 5.4.8　疏散区域图像监视与广播系统

1.系统概述

本预警系统在危机发生时，将通过大喇叭广播系统对危险地带进行图像监视与广播呼叫，引导当地居民进行有效的疏散与撤离。

2.系统主要功能

（1）对水库安全管理区与疏散区内的情况进行全天候 24h 连续远程监视。

（2）监视水库周边情况与水库安全管理相关设备的运转状况。

（3）对水库周边远程声音监听。

（4）对水库周边远程喊话功能。

（5）各个监控点的现场视频信号存储在前端存储卡中，以备有证可查。

（6）前端设备能够接受多个监控中心的控制。

（7）在任意可上网环境下可对区段进行监控。

## 5.4.9　水库工程三维展示系统

1.系统概述

水库工程三维展示系统可以有效地解决传统 GIS 技术的问题。通过运用三维全景虚拟现实技术，解决了平面图像不能有效表达空间深度信息问题，使得水库工程具有了三维空间信息，实现真实场景和虚拟对象在三维空间的有机融合，进而可以构建出真实完美的三维立体实景空间。它能够图形化的展示水库工程的空间地理信息，显示水库安全监测的实时数据，为水库各方面管理提供决策支持。

2.系统功能

主要功能是以三维可视化技术结合地理信息技术对水库及周边环境进行三

维化的展示和管理，并可对其水下、周边地形以及附近城镇地形地貌进行浏览漫游和查看；可进行各类空间信息的测量与查询，包括水深、地形高度、经纬度坐标、距离、面积等。

（1）数据库建设。

1）综合地理信息数据库。

综合地理信息数据库主要包括矢量基础地理数据、遥感影像数据和数字高程模型数据。指定比例尺的水库覆盖地区基础地理信息数据、水利专题图、数字高程地图和遥感影像数据。为满足不同的业务需求，将绘制各类水库相关信息专题图层。专题图层与基础地理数据图层利用空间的位置关系进行空间上的关联，同时专题图层通过用户编码与业务数据库中水库属性关联。

矢量基础地理数据库包括指定比例尺的水库覆盖地区基础地理信息数据，包括水系、居民地、交通要素、地貌和植被等地理要素，数据分层设计。

2）数字高程模型数据库。

利用矢量基础地理数据中的等高线和高程点，生成数字高程模型。

（2）三维场景构建。

建立水库三维模型，应用计算机的交互功能对模型进行任意提取属性、分层、分块，对构造和储层的属性进行浏览查看，对三维模型可进行任意放大、缩小和旋转操作。在三维可视化界面上实现监测数据关联，把一系列枯燥无味的数据转化为可视化的图象，使人一目了然，为决策者提供及时而准确的决策依据。

为了要构造虚拟现实的三维水利场景，需要对地形、水利工程、建筑物等各种地类物进行三维建模，并采取有效的场景管理技术来无缝的组织各种模型，以支持应用实现。构建水库三维场景的首要工作是获取基础数据资料，并做必要的实地考察，从而确定应构建模型种类、数量、准确位置以及名称，然后为要构建的物体进行纹理拍照，最后根据物体尺寸构建模型。最后，对建好的模型，需根据系统要求，对模型分层存储，正确命名，并配置好模型解析器入口文件。选用3DMAX作为三维模型开发工具，建立系统需要的水库、水利工程、下游楼群等三维模型，并通过图像专业软件将原始纹理数据处理成模型所需的纹理，通过三维造型。

景观包括地形建模、不同时期的遥感影象拼接及纹理映射、地表植被建模、地理要素建模、水利工程及设施建模等。通过这些不同时期虚拟环境的构建可以真实再现流域内的地形地貌、生态环境、水系交通、水利工程及设施的现状和变化，用户可以实现大型多时相虚拟环境的实时任意漫游，完全可以控制需要的场景，以自然流畅的方式与虚拟环境交互。用户在虚拟环境中可以通过交互操作获取有关地物空间对象的属性数据。客观世界中的地物在虚拟场景空间中表达为不同的景观描述对象，通过景观描述对象特征与基础信息数据库的连接可以获取地物的详细信息。在虚拟环境下还可以实现空间定位功能，通过空间坐标或地名到达指定的空间位置。

（3）建立工程建筑物三维数字模型。

三维模型快速构建与编辑，为三维流域和背景提供基础三维环境，作为三维查询、三维快速漫游、各类方案三维展示等功能的基础。

地表模型的建立：将数字正射影像与 DEM 叠合成地表三维模型，同时也可以水工建筑物模型进行贴纹理处理，建立完整的三维流域。

添加实体模型：主要针对基本水工建筑物模型，添加三维实物模型。可基于三维建模与编辑系统建立基本的三维水工建筑物模型。

添加设备模型：根据设计图纸创建三维措施模型。

添加注释：可为三维模型或者三维地形中的一些目标进行必要地注释，并能调整注释字体的大小和颜色。

（4）三维视图与操作。

在三维虚拟仿真环境中，基于三维实体目标，实现整个枢纽各个单元工程和分部工程的基本属性信息管理与查询。

三维流域场景：全局显示 DEM 和 DOM 叠加生成的三维流域场景。

大坝：显示三维大坝模型及基本属性信息。

溢洪道：显示三维溢洪道模型及基本属性信息。

泄洪洞：显示三维泄洪道模型及基本属性信息。

引水渠：显示三维引水渠模型及基本属性信息。

水文站模型：显示三维水文站模型及基本属性信息。

防洪闸：显示三维防洪闸模型及基本属性信息。

重点交通线路：显示重点交通干道的三维模型及基本属性信息。

重点建筑物：显示重点防洪建筑物的三维模型及基本属性信息。

辅助地物，利用几何模型或者纹理建模技术三维显示如路灯、行道树等辅助性地物。

（5）三维漫游。

在场景显示阶段，三维可视化漫游子系统遍历场景数据，判断可视性并决定显示级别。

场景显示漫游：以不同的视图显示整个场景，用鼠标控制显示场景，用鼠标控制在场景中进行漫游和在游戏杆/键盘的控制下在场景中进行漫游。在漫游状态下进行实时碰撞检测。通过飞行路线编辑器生成飞行路线文件控制视点的位置进行漫游。

不仅能查询场景中三维模型的相关的属性信息，而且能够查询二维 GIS 数据中的属性信息，用户能够在三维漫游的过程中，当到达某一不能在三维流域中表达专题区域内，系统能够显示或者查询相关的属性信息。

（6）三维动画展示。

3D 窗口管理诸多功能：三维地图的定位显示、高程显示、旋转缩放、工程图层显示、全图定位、还原操作、飞行动画设置与视频录制、模型添加与管理等。

### 5.4.10 溃坝模拟与预警系统

**1. 系统概述**

针对重点水库，本着防患于未然的原则，制定库区溃坝应急响应预案是水库管理工作的必然环节。结合 RS、GIS、3D 技术的发展，充分利用水文水利模型的模拟仿真、地形地貌的 3D 仿真、大型建筑物 3D 仿真等技术精确地展示溃坝洪水覆盖区域，为水库应急响应预案工作提供了多方面的数据支撑，更好的辅助决策指挥。

**2. 系统功能**

（1）建设覆盖重点水库供给范围的综合地理数据三维模型库，包括基础地理数据库、水利专题图层库、基础影像数据库、三维 DEM 库、下游大型建筑物的三维模型库。根据实时水库容量，可以模拟溃坝洪水的覆盖区域、洪水流速、洪水到达指定目标的时间，为应急指挥提供数据支持。

（2）可模拟分析并虚拟出水库堤坝决堤后一定时间内的水库水位变化情况以及泄洪处水位淹没的情况，以不同时间段的动态变化进行虚拟展示和分析决堤后的险情演变趋势，为抗洪抢险、人员疏散等应急调度提供决策参考。

（3）通过地理信息提供人员疏散轨迹。

（4）建立疏散区域图像监视与广播系统的联动机制，通过该系统发布预警信息或通告。

## 5.5 工程保障体系

工程保障体系建设的重点任务主要包括如下内容。

（1）制定标准：完善水库大坝安全监测信息化标准体系，制定水库大坝安全监测信息分类、采集、存储、处理、交换和服务等一系列标准与规范，实现以安全监测为核心，为信息基础设施和业务应用建设的规划、设计与实施提供保障。

（2）确保安全：结合信息基础设施建设，配置安全基础设施，制定安全规章和策略，健全安全管理机制，逐步形成水库工程信息安全体系。

（3）理顺关系：根据国家和地方的政策，结合水库大坝安全管理的实际要求，不断完善各类政策措施，逐步理顺水库大坝安全监测信息化多层次、多角度的相互关系，建立健全工程建设与运行管理体系、规章和措施；积极调整与建设不相适应的管理体制，通过信息化建设促进业务流程重组和体制创新。

（4）运维服务：积极探索信息化建设与运行维护管理的长效运行机制，拓宽运维管理渠道，建立协作共赢的商业服务模式，引入专业的社会化服务力量，不断提升水库大坝安全监管的整体效能。

**6**

# 监测资料整编分析基础及示例

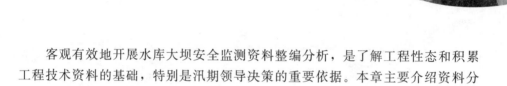

客观有效地开展水库大坝安全监测资料整编分析，是了解工程性态和积累工程技术资料的基础，特别是汛期领导决策的重要依据。本章主要介绍资料分析的步骤、主要方法，以及主要监测项目的分析方法。

## 6.1 资料分析的步骤

监测资料分析的主要步骤可依次归纳为：监测资料的采集和整编，监测资料的预处理，物理量转换及整理，监测资料的定性分析，监测资料的子项目分析，监测资料的模型分析，大坝工作性态评价。

### 6.1.1 监测资料的采集

监测资料主要包括监测数据、水工建筑物资料和其他资料三个方面。监测资料包括现场记录本（或自动化采集数据库）、工程照片或录像、成果计算本、成果统计本、曲线图、监测报表、监测设计技术文件和图纸、监测措施及计划，以及各种监测仪器型号、监测精度、计算参数、基准时间及基准值；水工建筑物资料主要包括坝的勘察、设计和施工资料、坝的运行和维修加固资料等；其他资料包括国内外类似工程监测和分析成果，各种技术参考资料等。

### 6.1.2 资料的预处理

任何测量过程都不可避免地带有这种或那种监测误差，误差产生的原因大致有以下几种：传感器或测量仪表本身的误差；测量人员读数、记录错误；测量环境引起的误差等。误差的种类可以分为：粗差，由于监测人员测错、读错、记错或其他原因造成的明显错误的误差；系统误差，指连续多次测量同一物理量时，误差的绝对值和符号保持不变或按一定规律逐步变化；随机误差，由于传感器或监测仪表本身精度的限制，误差的绝对值或符号变化在一定的范围之内，且绝对值较小的误差出现的机会少，如果增加监测次数则误差的算术平均值趋向于零。

得到监测成果后，首先应对其可靠性和正确性进行检查，即分析有无粗差和系统误差。对有粗差的测值应舍去不用（因计算错误而被发现的，可恢复正确测值再使用），有系统误差的测值应加以改正或剔除。因此，资料分析的第一步就是监测资料的预处理，尽量消除隐含在监测数据中的各种误差，使其客观真实地反映监测物理量的变化，避免利用含有粗大误差的监测资料计算最终成果，否则将导致无法解释的结果甚至引起决策上的失误。

对监测数据的预处理主要是对原始监测数据的复制件的处理，包括误差的剔除或修正、缺测值的插补、资料的修匀等，所有的预处理工作一般不对原始监测数据进行修改。

1. 误差处理的方法

（1）人工方法。

对一个测值序列来说，含粗差的测值一般出现的次数较少，大部分测值应该是正常的。人工方法主要采用过程线法进行，即通过绘制测值过程线，检查测值过程线上的"突跳点"，对照当时的施工记录和水位、气温等因变量测值，通过分析上述因素看是否具有测值突跳产生的客观条件，如果当时没有发生测值突跳的客观原因，即可以认为测值属于粗大误差，然后剔除粗差测值并插值，在图 6-1 中，2000 年 12 月及 2001 年 4 月测值发生跳动，而相应时间的库水位、温度等环境量没有异常变动，显然测值含有粗差，应该舍弃不用。

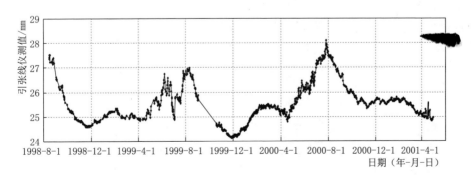

图 6-1　测值含有粗差

对监测成果的粗差判断可从以下几个方面定性分析和判断：

1) 历史测值的比较对照。和上次测值相比较，看是连续渐变还是突变；与历史极大值比较，看是否有突破；与历史上同条件（水库水位、温度条件相近）测值比较，看差异程度、偏离方向（正或负）和变幅等方面有否异常。

2) 相邻测点测值的对照。看它们的差值是否在正常范围之内，分布情况是否符合历史规律。

3) 同一部位几种有关项目之间的测值的对照。如扬压力与渗水量、水平位移和挠度、坝顶垂直位移和坝基垂直位移等，看它们是否有不协调的异常现象。

4) 相同外界条件下同类监测量的变化过程的曲线形态、值的大小、变化规律是否具有一致性或相似性的特点。

5) 效应量与某一原因量之间存在的相关关系是否随时间有异常的改变，测值在相关图上点据的位置是否在相关区内。

6) 监测量的变化规律是否符合一般的物理力学规律，和设计计算、模型试验值相比，其变化和分布趋势是否相近，数值差别有多大，测值是偏大还是偏小。

通过以上几个方面的比较和分析，基本上就能够对测值的粗差作出判断，对于那些明显不合理的异常数据，在下一步分析时，就可舍去，并作出相应的说明；对于那些不能作出判断的异常数据应做好标记，进一步分析其异常的原因。

（2）数理统计方法。

数理统计方法，一般采用 3 法则进行，该法适于编制程序进行监测数据的自动化处理。3 法则根据测值的跳动特征、变化规律来判断并剔除粗差点，可以采用下列过程表示。

对某支仪器，其测值的跳动特征可用下式描述：

$$d_i = 2y_i - (y_{i+1} + y_{i-1})$$

式中　$y_i$——仪器一系列测值，$i=2$，3，…，$n-1$。

计算出跳动子样的平均值 $\overline{d}$ 和均方差 $\sigma$：

$$\overline{d} = \sum_{i=2}^{n-1} d_i / n$$

$$\sigma = \sqrt{\sum_{i=1}^{n} (d_i - \overline{d})^2 / (n-3)}$$

进一步计算各测值跳动偏差的绝对值与均方差的比值：

$$q_i = |d_i - \overline{d}| / \sigma$$

当 $q_i > 3$ 时，则认为此值异常，舍弃此值或用多项式拟合附近几点测值，用拟合值代替实测值。

数理统计方法是避开测值发生的物理条件而采用的纯粹数学方法，有时容易将真实突跳的测值删除，而这些突跳的测值可能是由于水位、气温等因变量出现大幅度变化或大坝性态出现异常的真实反应，如果错误地将其删去，容易错过大坝安全重要信息，因此在选用该法时要注意这一点。

2. 系统误差

系统误差一般受某种因素的控制，因素不同所造成的系统误差在表现形式和程度上一般是不一致的。这种误差可能改变数据的变化规律，进行多次重复测量取均值时也不能消除。根据多个工程的实际情况，系统误差的类型从时间的变化规律来看可分为固定型、累进型、周期型及复合型等。系统误差的判断和处理比较困难，一般可以从定性的角度简单判断，有些文章中采用测值序列建立回归方程。从常数项是否一致进行定量判断，其计算判断过程比较复杂。对含有系统误差的监测资料一般只能舍弃不用。

（1）差阻式仪器的典型误差。

对于工程中常用的内部监测仪器，如差动电阻式应变计、测缝计、渗压计、温度计等，可以根据该类仪器的特点，结合资料分析的经验，可以简单地从定性的角度判断测值是否含有系统误差。

随着大坝的施工、监测站和集线箱的更新，重新录制电缆测量端、加长电缆难以避免，电缆连接的质量，如芯线断丝或打磨不够，直接影响到芯线电阻，导致电阻比、电阻测值的误差。电缆连接引起监测误差是施工期监测资料的最常见的现象之一。对四芯测法，电缆芯线电阻变差（包括电缆接触电阻）变化将引起电阻、电阻比曲线的相反方向跳动平移，电阻比变化数（以0.01%计）为电阻变化数（以0.01Ω计）的$-2 \sim -4$倍，测值过程线一般表现为图6-2所示的固定型系统误差。

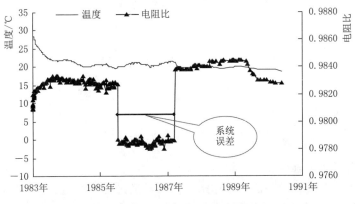

图6-2 芯线电阻变差导致的系统误差

　　仪器钢丝氧化锈蚀可能引起测值的累进型系统误差。表现为电阻测值不断变大，与相邻仪器温度或所在位置温度变化规律比较，十分反常。因为差阻式仪器的结构特性，钢丝氧化一般从外圈的 $R_1$ 开始，因此电阻比测值随仪器电阻氧化的增加而变大，测值过程线一般表现为图 6-3 所示的累进型系统误差。

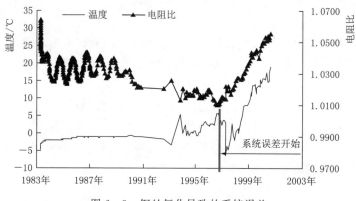

图 6-3　钢丝氧化导致的系统误差

　　仪器绝缘度降低也可能引起测值的累进型系统误差。差阻式仪器及引出电缆长期埋设在高压、高湿的环境中，由于电缆、电缆连接处及仪器本身质量，监测站、集线箱的潮湿都会导致监测系统绝缘度降低，引起测值误差。从电路原理上看，绝缘度降低相当于在电缆芯线之间并联了一个电阻，显然将使得电阻测值变小，导致由此换算所得的温度不断降低，测值过程线一般表现为图 6-4 所示。

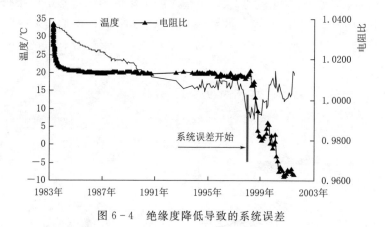

图 6-4　绝缘度降低导致的系统误差

　　（2）引张线、垂线方式的误差。

　　引张线、垂线常用来监测坝体水平位移，经过适当改造、安装后就可以实现自动化测量。管理人员要定期去现场检查，因为引张线钢丝的热胀冷缩、水盒内液体蒸发等原因都将导致浮船与水盒接触，使线体不能自由运动，导致粗大误差产生。垂线孔内如果掉入杂物且碰到垂线钢丝，同样会使线体不能处于自由状态，也会导致粗大误差。这可以从测值过程线上明显看出，图 6-5、图 6-6 分别是引张线、垂线出现上述情况后的误差。

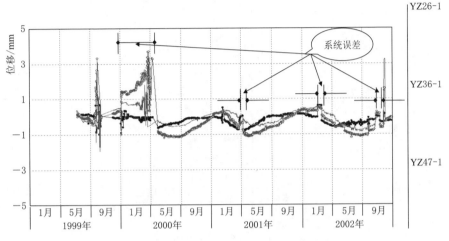

图 6-5　引张线线体受阻导致的测值误差

3. 监测资料的插补

如因某种原因出现漏测，或由于剔除了含有粗差而缺少某次监测值时，为了资料分析的继续进行需要补充合理的数值，这就是监测资料的插补。当采用垂线、引张线方式结合监测大坝的水平位移时，由于某种原因，导致缺少垂线坐标仪的某次监测数据。利用应变计和无应力计监测资料计算混凝土的实际应力时，缺少应变计或无应力计的某次监测数据。这些情况下都需要对监测资料进行插补。一般采用的方法有多项式插值、样条函数插值等数学方法。

（1）全段拉格朗日一次插值法。

设待插值点最近的两个测点为 $(X_1, Y_1)$，$(X_2, Y_2)$，插补点的坐标为 $(X, Y)$，则

$$Y = \frac{X - X_2}{X_1 - X_2} Y_1 + \frac{X - X_1}{X_1 - X_2} Y_2$$

（2）全段拉格朗日二次插值。

设距待插值测点最近的三个测点为 $(X_1, Y_1)$，$(X_2, Y_2)$，$(X_3, Y_3)$ 则插补点 $(X, Y)$ 的 $Y$ 坐标为

$$Y = \frac{(X - X_2)(X - X_3)}{(X_1 - X_2)(X_1 - X_3)} Y_1 + \frac{(X - X_1)(X - X_3)}{(X_2 - X_1)(X_2 - X_3)} Y_2 + \frac{(X - X_1)(X - X_2)}{(X_3 - X_1)(X_3 - X_2)} Y_3$$

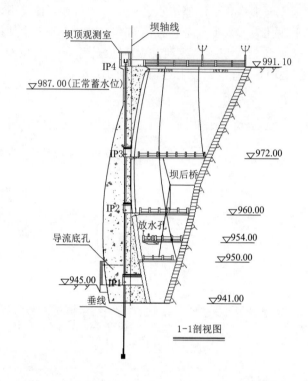

1-1剖视图

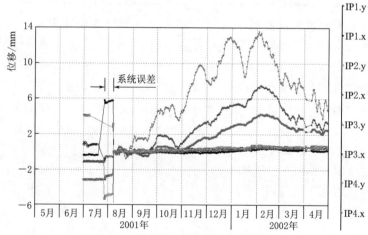

图 6-6 垂线线体受阻的测值误差

这里的 $X$、$Y$ 通常是时间、监测值。在 $X_1 < X < X_3$ 为内插值，通常用于插补多次监测值之间的数据。

4. 监测资料的修匀

为了进一步消除监测资料中的随机误差，消除偶然因素对监测资料的影响，一般需要对这组数据的修匀。修匀的方法很多，最常用的为三点移动平均法。

当一个测值序列中，相邻三个点分别为

$$(X_{i-1},Y_{i-1}),(X_i,Y_i),(X_{i+1},Y_{i+1})$$

则第二点的修匀值为

$$\{(X_{i-1}+X_i+X_{i+1})/3,(Y_{i-1}+Y_i+Y_{i+1})/3\}$$

起点（$i=1$）和终点（$i=n$）的修匀值分别为

$$(X_1,2Y_1/3+Y_2/3),(X_n,2Y_n/3+Y_{n-1}/3)$$

另一种常用的修匀方法是五点法。该法采用连续五次监测数据用三次曲线拟合，然后用中间点的拟合值代替实测值，逐步后移再取五点，仍依此法取值。对于开始的三点和最后三点以曲线拟合值为其最佳估计值。

### 6.1.3　物理量的换算

大多监测仪器的原始监测数据只是需要监测的物理量的中间成果，要进行适当的换算后才能得到需要监测的物理量。差动电阻式仪器的原始监测数据是电阻、电阻比，钢弦式仪器的原始监测数据是频率的平方及温度，垂线、引张线方式监测的初步监测成果只是相对位移，静力水准方式监测坝体沉降的初步监测成果也只是相对沉降，这都需要将初步监测成果换算为最终监测成果。各种方式的换算，需要根据监测仪器的系数、计算方法与仪器的种类、安装方法进行，以下列出了常用监测仪器（方式）的成果计算方法。

1. 差动电阻式仪器

1932年美国人卡尔逊研制成功差阻式仪器，其原理如图6-7所示，当受到外界的拉压而变形时，仪器内部两根张紧钢丝的电阻 $R_1$、$R_2$ 发生差动变化，钢丝电阻 $R_t=R_1+R_2$ 及 $Z=R_1/R_2$ 能反映仪器所在处的应力、应变及温度的变化。以下为差动电阻式仪器的物理成果换算的公式。由应变监测资料计算混凝土实际应力后面详细介绍。

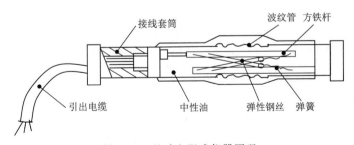

图6-7　差动电阻式仪器原理

（1）应变计。

$$\varepsilon=f'\Delta z+b\Delta T$$

式中　$\varepsilon$——应变，$10^{-6}$；

$\quad\quad f'$——应变计的修正最小读数，$10^{-6}/0.01\%$；

$\quad\quad \Delta z$——电阻比相对于基准值的变化量，$0.01\%$；

$\quad\quad b$——应变计的温度补偿系数，$10^{-6}/℃$；

$\quad\quad \Delta T$——温度相对于基准值的变化量，$℃$。

（2）测缝计。

$$J = f'\Delta z + b\Delta T$$

式中　$J$——缝的开合度，$mm$；

$\quad\quad f'$——测缝计的修正最小读数，$mm/0.01\%$；

$\quad\quad \Delta z$——电阻比相对于基准值的变化量，$0.01\%$；

$\quad\quad b$——测缝计的温度补偿系数，$mm/℃$；

$\quad\quad \Delta T$——温度相对于基准值的变化量，$℃$。

（3）渗压计。

$$P = f'\Delta z - b\Delta T$$

式中　$P$——渗透压力，$kPa$；

$\quad\quad f'$——渗压计的修正最小读数，$kPa/0.01\%$；

$\quad\quad \Delta z$——电阻比相对于基准值的变化量，$\times 0.01\%$；

$\quad\quad b$——渗压计的温度补偿系数，$kPa/℃$；

$\quad\quad \Delta T$——温度相对于基准值的变化量，$℃$。

仪器所在位置的渗透水位

$$W = P/7.8 + H_0$$

式中　$W$——渗透水位，$m$；

$\quad\quad H_0$——渗压计所在高程，$m$。

（4）钢筋计。

$$\sigma = f'\Delta z + b\Delta T$$

式中　$\sigma$——钢筋应力，$MPa$；

$\quad\quad f'$——钢筋计的修正最小读数，$MPa/0.01\%$；

$\quad\quad \Delta z$——电阻比相对于基准值的变化量，$0.01\%$；

$\quad\quad b$——钢筋计的温度补偿系数，$MPa/℃$；

$\quad\quad \Delta T$——温度相对于基准值的变化量，$℃$。

（5）温度计。

$$T = \alpha'(R - R'_0) \quad\quad T \geqslant 0℃$$

或　　　　$$T = \alpha''(R - R'_0) \quad\quad T \leqslant 0℃$$

式中　$T$——温度，$℃$；

$\quad\quad R$——实测的仪器电阻，$\Omega$；

$R_0'$——0℃时仪器的计算电阻值，$\Omega$；

$\alpha'$、$\alpha''$——温度常数，℃/$\Omega$。

2. 钢弦式仪器

钢弦式仪器的敏感元件是一根与传感器受力部件连接固定的金属丝弦，利用钢弦的自振频率与钢弦所受到的外加张力关系式测得各种物理量。钢弦式仪器在大坝内部监测中应用较多，与差动电阻式仪器一样，有应变计、测缝计、渗压计等。钢弦式渗压计由钢丝、钢丝固定组件、膜片、激振拾振线圈、外壳、密封室、透水石和电缆等组成。仪器原理如图6-8所示。

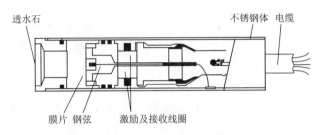

图6-8 钢弦式仪器原理

钢弦式仪器的生产厂家很多，各家的计算公式略有不同，下面以渗压计为例列举出一些厂家的计算公式：

（1）美国 Geokon-4500s 型渗压计。

$$P = 0.70432 \times [G(R_0 - R_1) + K(T_1 + T_0)]$$

式中 $G$——灵敏度，psi/digit（平方英寸·磅/每个线性单位）；

$K$——温度系数，psi/℃；

$R_0$，$T_0$——安装时在空气中频率平方/1000 及温度的基准值；

$R_1$，$T_1$——实测频率平方/1000 及温度的基准值；

$P$——渗压计承受的水头，m。

（2）南京水利水文自动化研究所 SXX 系列渗压计。

$$P = k(F_0 - F) + b(T - T_0) + B$$

式中 $k$——渗压计测量压力的最小读数，kPa/F；

$b$——渗压计的温度修正系数，kPa/℃；

$F_0$、$T_0$——安装时在空气准频率平方/1000 及基准温度；

$F$、$T$——实测测量频率平方/1000 及基准温度；

$B$——渗压计的计算修正值，kPa；

$P$——渗压计承受的水头，kPa。

3. 正、倒垂线结合方式

坝高较大的重力坝、拱坝，经常用正、倒垂线结合方式（见图6-9）测

127

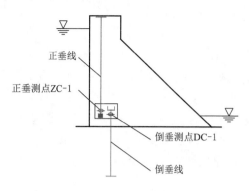

正垂线

正垂测点ZC-1

倒垂测点DC-1

倒垂线

图 6-9  正、倒垂线结合布置

量坝体水平位移，正垂线测点反应坝顶相对于基础廊道的位移，倒垂线测点反应基础廊道相对于锚固点的位移，两者结合就可以得到坝顶相对于倒垂线锚固点的位移。

垂线坐标仪安装时，应该使其测值变化与规范规定的符号一致。当倒垂线测得基础廊道变形为 $S_1 = S_{1i} - S_{10}$，其中，$S_{1i}$ 为本次测值，$S_{10}$ 为基准值；正垂线测得坝顶相对于基础廊道变形为 $S_2 = S_{2i} - S_{20}$，其中 $S_{2i}$ 为本次测值，$S_{20}$ 为基准值，此时坝顶绝对位移的计算方法如下式：

$$S = S_1 + S_2$$

需要注意，正、倒垂线测点的基准值应该是同一测次的测值，此时所得的坝顶绝对位移是相对于倒垂线锚固点、基准时间的位移。

4. 垂线-引张线方式

对直线型坝的水平位移监测，常常用视准线、大气激光、真空管道激光或垂线、引张线结合监测，几种方式绝对位移的换算方法基本相同。视准线监测方式设备费用较低，一般采用人工监测；大气激光、真空管道激光投资较大，前者适合坝长在 300m 以下的大坝，后者在坝长大于 800m 的长距离监测中能充分显示其优势；垂线、引张线结合方式投资较小，监测精度较高，而且可以方便地实现自动化测量。目前垂线、引张线结合是直线型大坝水平位移自动化监测的一种常用方式，垂线测点用来测量引张线端点的绝对位移，引张线测点用来测量各测点处坝体相对于引张线线体的相对位移，因此坝体的绝对位移需要结合垂线坐标仪的测值来计算。以图 6-10 为例，说明了坝体绝对位移的算法。在图中引张线的固定端和活动端分别设有一个倒垂线测点，坝体的每个坝段设有一个引张线测点。

在某次测量中左、右岸倒垂线测点处的绝对位移分别是 $\Delta L$ 及 $\Delta R$，$i$ 坝段的相对于引张线线体的位移是 $S_{i1}$（引张线仪本次测值与基准值之差），$i$ 坝段的绝对位移可以用 $S_i = S_{i1} + S_{i2}$，根据三角形的相似原理：

$$S_{i2} = \Delta L + \frac{\Delta R - \Delta L}{L} \times L_i$$

根据垂线坐标仪、引张线仪的测值就可以计算得到各个坝段的绝对位移。需要注意，引张线、垂线的基准时间应该是同一测次的数据，这里所谓的绝对位移是相对于倒垂线锚固点，而且是相对引张线、垂线的基准时间的位移量。

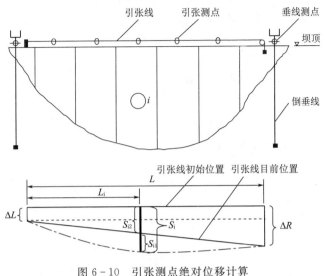

图 6-10　引张测点绝对位移计算

**5. 应力、应变监测资料**

应变计结合无应力计的监测资料就可以计算混凝土的实际应力。以下简单介绍根据无应力计监测资料计算混凝土线膨胀系数、自生体积变形，用应变计及无应力计的监测资料用变形法计算实际应力的步骤。

（1）基准时间的确定。

对于内部监测仪器而言，基准值确定非常重要。无论是应变计还是无应力计，均应将其与混凝土开始共同变形的时刻作为监测值的基准时间。按照内观仪器的特点，从监测数据上看，表现为电阻和电阻比开始反相变化。另外一种方法是将混凝土终凝时间作为基准时间，一般取混凝土浇筑后 48h。为了更精确、定量确定基准时间，在文献中，采用混凝土得到一定的热能就会终凝这一观点确定混凝土的终凝时间，其所需要的内能取为 209℃・h，有表达式

$$A_Q = \int_{t_0}^{t_A} f(t)\mathrm{d}t = 209(℃・h)$$

有些文章中也有将混凝土的弹性模量值等于仪器的弹性模量的时间作为基准时间，这几种方法的结论基本相同，可以选择一种进行即可。

（2）无应力计资料计算混凝土线膨胀系数。

无应力计测值代表了测点混凝土的自由应变 $\varepsilon_0$，它包含三个部分，即温度变形、自生体积变形和湿度变形，即

$$\varepsilon_0 = a_c \Delta T + G(t) + \varepsilon_w$$

利用这一公式可以从无应力计测值 $\varepsilon_0$ 计算混凝土的线膨胀系数 $a_c$，将尤

应力计应变测值和温度测值绘制成过程线，在这一曲线上取降温阶段的短时间间隔的应变变化 $\Delta\varepsilon_0$ 和相应的温度 $\Delta T_0$，则混凝土线膨胀系数可按下式计算。

$$G(t) = \varepsilon_0 - \alpha_c \Delta T_0$$

式中　$\Delta\varepsilon_0$——无应力计在降温阶段的应变变化值，$10^{-6}$；

　　　　$T_0$——同一时段的温度变化值，℃；

　　　　$\alpha_c$——混凝土线膨胀系数，$10^{-6}/℃$。

混凝土浇筑以后，自生体积变形 $G(t)$ 及温度变化都很大，经过一定时间后，$G(t)$ 的发展趋于平缓，温度开始下降，一般认为 $\varepsilon_w$ 变化不大，在降温阶段认为 $\Delta G(t) + \varepsilon_w \approx 0$，可以得出上式。

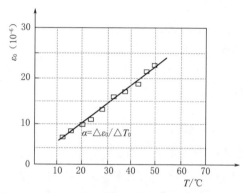

图 6-11　混凝土线膨胀系数计算

从降温阶段取 $\varepsilon_0$，$T_0$ 绘制成相关线 $\varepsilon_0 \sim T_0$，如图 6-11 所示，用最小二乘法计算直线斜率，即为混凝土的线膨胀系数。

（3）无应力计资料计算混凝土自生体积变形。

无应力计测值代表了测点处混凝土的自由应变 $\varepsilon_0$，它包含温度变形、自生体积变形和湿度变形，假定大体积混凝土内湿度很高且恒定不变的，可认为混凝土内不存在湿度变形，因此 $\varepsilon_w$ 可看作为 0，则上式可表示为

$$G(t) = \varepsilon_0 - \alpha_c \Delta T$$

便可计算出混凝土的自生体积变形。

混凝土的自生体积变形与水泥、骨料的成分以及水化过程的条件和环境有关，同时还与混凝土周围的环境等多种因素有关。此外，无应力计的实测数据中还可能包含有因仪器的埋设部位、方法等因素而产生的附加变形。因此，无应力计自生体积变形的形态和规律可能是不一致的。即使是同一座大坝，不同部位的混凝土自生体积变形也可能有较大的不同，有时甚至出现变形性态相反的情况。

一般而言，混凝土自生体积变形表现为膨胀型，应力向压应力发展，对改善混凝土内部应力状况是有利的。相反，自生体积变形表现为收缩型时，应力向拉应力发展，对混凝土内部应力状况是不利的。

（4）变形法计算实际应力。

将应变计原始测值电阻、电阻比换算为应变：

$$\varepsilon_m = f\Delta z + b\Delta T$$

$$\Delta T = \alpha \Delta R$$

式中各符号同前。

结合无应力计资料计算单轴应变：

$$\varepsilon = \varepsilon_m - \varepsilon_0 - \alpha_c \Delta T$$

式中　　$\varepsilon$——单轴应变；

　　　　$\varepsilon_m$——某时刻应变计计算出的应变；

　　　　$\varepsilon_0$——同时刻对应无应力计计算出的应变；

　　　　$\alpha_c$——混凝土线膨胀系数；

　　　　$\Delta T$——应变计与无应力计同时刻的温差。

如果是五向应变计组（五向应变计组的布置如图 6-12 所示），或四向应变计组可以进行应变平衡。

应变不平衡量：$\Delta = (\varepsilon_2 + \varepsilon_3) - (\varepsilon_4 + \varepsilon_5)$

以下式分配不平衡量：

$$\varepsilon_2 = \varepsilon_2 - 0.25\Delta$$

$$\varepsilon_3 = \varepsilon_3 + 0.25\Delta$$

$$\varepsilon_4 = \varepsilon_4 - 0.25\Delta$$

$$\varepsilon_5 = \varepsilon_5 + 0.25\Delta$$

通过以上步骤，计算出各支仪器的单轴应变后，就可以采用变形法计算实

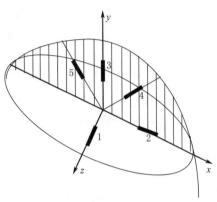

图 6-12　五向应变计组的布置

际应力，将实测单轴应变曲线 $\varepsilon'_t$ 沿时间划分为 $n$ 个时段，其应变分别为 $\varepsilon_1$，$\varepsilon_2$，…，$\varepsilon_n$，相应的应力变化为 $\Delta\sigma_1$，$\Delta\sigma_2$，…，$\Delta\sigma_n$，在 $n$ 时段的应变就是前面各时段的应变之和为

$$\Delta\sigma_m = E'(t_n, \tau_i)\left[\varepsilon'_n - \sum_{i=1}^{n-1}\Delta\sigma_i / E'(t_n, \tau_i)\right]$$

式中　　$E'(t_n, \tau_i)$——混凝土有效弹性模量，$kg/cm^2$；

　　　　$\Delta\sigma_i$——$i$ 时段的应力增量；

　　　　$\varepsilon'_n$——$n$ 时段的单轴应变；

　　　　$\Delta\sigma_m$——实际应力增量，$kg/cm^2$。

混凝土实际应力为各时段 $\Delta\sigma_i$ 之和：$\sigma_n = \sum_{i=1}^{n}\Delta\sigma_i$。

（5）补充说明。

在求出各点的各个方向的实际应力后，可以求混凝土坝测点的主应力。由于由应变监测资料计算混凝土的实际应力的测量和计算的环节众多，各个步骤带入的误差以及误差的传播，使得通过应变资料计算所得的最终成果准确度降低，这是混凝土应力应变监测不可忽视的问题。在文献中分析认为变形法计算

混凝土实际应力的 2 倍标准差为 $2.28\text{kg/cm}^2$，基本能满足工程实际要求。

应力应变和温度监测是混凝土大坝主要内部监测项目，它与大坝外部监测项目相结合组成一个大坝完整的监测系统。一些人认为，大坝变形量比较直观，实际应力成果又存在精度问题，因此应该将变形值作为大坝安全监控的重要依据。大坝位移中包含了温度变形和坝基沉降造成坝体转动的变形量，而对重力坝来说大部分温度变形和坝体转动并不能引起坝体应力。拱坝某些局部较高拉应力的主要原因是非线性温差，这部分应力通过拱坝位移分析是无法估计的。因此如果精度足够的情况下应将应力作为大坝安全监控的主要依据，但提高实测应力精度，需要积极开发能直接测量混凝土应力的仪器，避免混凝土弹模和徐变试验资料带来的误差，目前还有许多问题需要研究。

## 6.2　资料分析的主要方法

资料分析的主要方法有比较法、作图法、特征值统计法、数学模型法和其他方法。下面作一简要介绍。

### 6.2.1　比较法

所谓比较法就是将不同测次的监测资料、巡视资料及监测资料成果与技术警戒值、理论试验的成果作比较，判断测值有无异常，找出监测值的变化规律或发展趋势。

（1）比较多次巡查资料，定性考察大坝外观异常现象的部位、变化规律和发展趋势。

（2）比较同类效应量监测值的变化规律或发展趋势，是否具有一致性和合理性。

（3）将监测成果与理论计算或模型试验成果相比较，观察其规律和趋势是否有一致性、合理性。并与工程的某些技术警戒值（大坝在一定工作条件下的变形量、抗滑稳定安全系数、渗透压力、渗漏量等方面的设计或试验允许值，或经历史资料分析得出的推荐监控值）相比较，以判断工程的工作状态是否异常。

### 6.2.2　作图法

根据分析的要求，画出监测资料的过程线图、相关图、分布图及综合过程线图（如将上游库水位、某物理量和其警戒值，其他的效应量画在一张图上）等，由图可直接了解和分析测值的变化大小和其规律。

（1）以监测时间为横坐标，所考查的测值为纵坐标绘制的曲线为过程线。

它反映了测值随时间而变化的过程。由过程线可以看出测值变化有无周期性，最大值、最小值等，一年或多年变幅有多大，各时期变化梯度（快慢）如何，有无反常的升降变化等。图上一般同时绘制相关因素如库水位、气温等的过程线，以了解测值和这些因素的变化是否相关，周期是否相同，滞后时间多长，两者变化幅度等。有时也可以同时绘制不同测点或不同项目的曲线，比较它们之间的联系和差异。

（2）以横坐标表示测点位置，纵坐标表示测值所绘制的台阶图或曲线为分布图。它反映了测值沿空间的分布情况。由图可看出测值分布有无规律，最大值、最小值在什么位置，各点间特别是相邻点间的差异大小等。图上还可以绘出有关因素如坝高等的分布值。同一张图绘制出同一项目不同测次和不同项目同一测次的测值分布，以比较期间的联系及差异。

（3）以纵坐标表示测值，以横坐标表示有关因素（如水位、温度等）所绘制的散点加回归线的图为相关图。它反映了测值和该因素的关系，如变化趋势、相关密切度等。

## 6.2.3　特征值统计法

这是对监测值（随机变量）进行统计、计算，得到一系列有代表性的特征值，用以浓缩、简化一批测值中的信息，以便对大坝性态的变化更加清晰、简单地了解、掌握和发现其有无异常。

特征值主要包括各监测物理量历年的最大和最小值（含出现时间）、变幅、周期、年（月）平均值及变化率等。通过对这些特征值的统计和分析，可帮助考察各监测量之间在数量变化方面是否具有一致性、合理性，以及它们的重现性和稳定性等。

## 6.2.4　数学模型法

该法就是利用回归分析、经验或数学力学原理，建立原因量（如库水位、气温等）与效应量（如位移、扬压力等）之间定量关系的方法。这种关系往往是具有统计性的，需要较长序列的监测数据。当能够在理论分析基础上来寻求两者确定性的关系，称为确定性模型；当根据经验，通过统计相关的方法来寻求其联系，称为统计模型；当具有上述两者的特点而得到的联系，称为混合模型。

在上述三种模型中，应用最广的是统计模型。而在回归分析的实际应用中，总是选取与因变量 $y$ 有一定关系的一组自变量（$X_1$，$X_2$，$X_3$，…，$X_{n-1}$，$X_n$）作为可能的预报因子。例如，变形选有水位、温度（气温、水温和混凝土温度等）、时间等因子，常达十多个以至几十个因子。理论分析和实际经验证明：把全部预报因子引入回归方程，使回归方程中包括了某些对因变量没有显著作用的自变量，增加了不必要的计算，使回归方程的质量降低，回归效果变差，为解决该问题，在回归分析中发展了对自变量进行筛选的方法，即逐步回归分析方法。

1. 一元线性回归

一元线性回归是回归分析中最简单的情况，它处理两个变量之间的统计关系。如果两个变量之间的统计关系基本上是线性的，就可以用一元线性回归来分析，根据监测数据可以建立经验回归方程如下：

$$y = b_0 + bx$$

其方法和相关概念简单介绍如下。

（1）确定回归系数。

对 $m$ 组监测数据 $(x_1, y_1)$，$(x_2, y_2)$，…，$(x_m, y_m)$，当 $b$ 及 $b_0$ 给定后，对每一个 $x_i$，都可以确定一个回归值

$$y_i = b_0 + bx_i$$

为了使回归值最大限度的接近实测值，各个回归值与实测值之差（残差）的平方和应最小，即

$$Q(b_0, b) = \sum_{i=1}^{m} (y_i - y_i)^2 = \sum_{i=1}^{m} (y_i - b_0 - bx_i)^2$$

要求 $Q(b_0, b)$ 取得最小值，根据微分学的极值原理，要求 $b_0$ 和 $b$ 满足以下条件：

$$\begin{cases} \dfrac{\partial Q}{\partial b_0} = 0 \\ \dfrac{\partial Q}{\partial b} = 0 \end{cases} \Rightarrow \begin{cases} b = \dfrac{\sum\limits_{i=1}^{m} x_i y_i - \dfrac{1}{m} \sum\limits_{i=1}^{m} x_i \sum\limits_{i=1}^{m} y_i}{\sum\limits_{i=1}^{m} x_i^2 - \dfrac{1}{m} \left( \sum\limits_{i=1}^{m} x_i \right)^2} \\ b_0 = \dfrac{1}{m} \sum\limits_{i=1}^{m} y_i - b \times \dfrac{1}{m} \sum\limits_{i=1}^{m} x_i \end{cases}$$

上述求算 $b_0$、$b$ 的方法，是从残差平方和最小这一要求出发的，故这种方法一般称作最小二乘法，所得的结果称为最小二乘估计。

（2）$F$ 检验（显著性检验）。

建立一元线性回归方程后，要检验因变量和自变量之间的线性相关关系是否成立，这种统计检验方法叫做显著性检验，通常用检验 $F$ 值的方法进行。

$$F = \frac{(m-2)U}{Q} = \frac{(m-2) \sum\limits_{i=1}^{m} (y - \overline{y})^2}{\sum\limits_{i=1}^{m} (y_i - y_i)^2}$$

式中，$\overline{y}$ 为平均值，$U$ 称为回归平方和，是由于 $x$ 与 $y$ 的线性关系而引起的 $y$

的变差部分；$Q$ 称为残差平方和，包括 $x$ 对 $y$ 的非线性影响，其他随机因素及监测误差的影响。

$F$ 越大则回归方程显著性越好，根据统计检验理论 $F$ 分布表上相应于显著性水平 $\alpha$、自由 $F \geqslant F_{1,m-2}^{\alpha}$ 度 $f_1 = 1$，$f_2 = m - 2$ 的值作为临界值。一般取 $\alpha = 0.10$、$0.05$ 或 $0.01$。当时，认为回归方程在显著性水平 $\alpha$ 下线性关系是显著的，相反，认为回归方程的线性关系是不显著的。

（3）线性相关系数。

线性相关系数表示两个变量线性关系的密切程度，用 $r$ 表示，用如下公式计算：

$$r = \frac{\sum_{i=1}^{m}(x_i - \overline{x})(y_i - \overline{y})}{\sqrt{\sum_{i=1}^{m}(x_i - \overline{x})^2 \sum_{i=1}^{m}(y_i - \overline{y})^2}}$$

相关系数 $|r|$ 取值范围在 $[0,1]$ 之间，其绝对值越接近于 $1$，则实测值点越聚集在回归值线附近。

如图 6-13 所示，相关系数是回归平方和与总离差平方和的比值的二次方根。

$$r = \pm \sqrt{\frac{\sum_{i=1}^{m}(y - \overline{y})^2}{\sum_{i=1}^{m}(y_i - \overline{y})^2}}$$

（4）剩余标准差。

从回归方程预报 $y$ 的精度如何，一般以剩余标准差为标志，定义如下。

$$S = \sqrt{\frac{\sum_{i=1}^{m}(y_i - y)^2}{m - 2}}$$

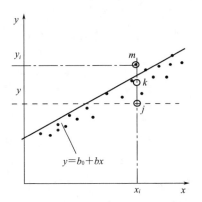

图 6-13　一元线性回归方差示意图

剩余标准差 $S$ 可以看作是在排除了 $x$ 对 $y$ 的线性影响后，衡量 $y$ 随机波动大小的一个估计量，其量纲与 $y$ 相同。

对于服从正态分布的随机变量分布性质，在照数理统计理论中，指出了落在各区间内的概率，如图 6-14 所示。

落在 $y \pm S$ 内的约占 $68.27\%$；

落在 $y \pm 2S$ 内的约占 $95.45\%$；

落在 $y \pm 3S$ 内的约占 $97.73\%$；

落在 $y \pm 4S$ 内的约占 $97.99\%$。

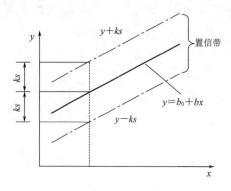

图 6-14 一元线性回归置信带

### 2. 多元线性回归

监测数据的影响因素是很复杂的，当只有一个因素起决定性作用时，可以用一元线性回归处理，但更多的情况是有多个因素对监测数据都有明显影响，这时就要建立监测量和多个因素的定量关系式，多元线性回归是最基本、常用的方法，许多非线性情况都可以化作线性情况处理。

多元线性回归分析在基本原理上和一元线性回归分析相同。对监测数据 $(x_{1i},\ x_{1i},\ y_{1i})$，$(x_{2i},\ x_{2i},\ y_{2i})$，…，$(x_{mi},\ x_{mi},\ y_{mi})$，建立二元线性回归方程，就是要确定回归系数 $b_0$、$b_1$、$b_2$，其原则也是最小二乘法。

$$Q(b_0,b_1,b_2) = \sum_{i=1}^{m} (y_i - \overline{y_i})^2 = \sum_{i=1}^{m} (y_i - b_0 - b_1 x_{i1} - b_2 x_{i2})^2$$

根据方程组：$\begin{cases} \dfrac{\partial Q}{\partial b_0} = 0 \\ \dfrac{\partial Q}{\partial b_1} = 0 \\ \dfrac{\partial Q}{\partial b_2} = 0 \end{cases}$ 就可以求得回归系数，进而求得相关系数、剩余标准差等。

### 3. 逐步回归方法

回归方程中所包含的自变量越多，回归平方和 $U$ 就越大，剩余平方和 $Q$ 就越小，一般来说，剩余标准差 $S$ 也越小，因而预报就更精确。所以希望回归方程中包含尽可能多的有关变量，特别是对监测值有显著作用的因素。但回归方程中包含的自变量过多，会带来不利影响：加大计算量；方程中含有对 $y$ 不起作用或很小作用的量，造成预报精度降低，降低回归方程的稳定性。因此，回归方程中包含有不显著的自变量是有害无益的。

在建立回归方程前，需要应用专业知识，根据物理（化学）关系，适当地定出准备选择的 $n$ 个因子，尽可能不使显著的因素漏掉，然后用数学方法从 $n$ 个因素中挑选显著因素，剔除对 $y$ 不起作用或很小作用的量，得到最优回归方程。

选择最优回归方程的方法有全面比较法、向后剔除法、向前引入法、逐步回归法，其中逐步回归法最为简捷也是最常用的一种方法。它先把和因变量相关程度最大的那一个因子引入方程，然后从余下的因子中再挑选和因变量相关程度最大的那个变量进入方程。这样按自变量对因变量 $y$ 的作用程度，从大到小依次逐个引入回归方程，引入自变量的过程中，对方程中各自变量作显著性检验，当先引入的变量由于后面变量的引入变得不显著时，将它从方程中剔除。新引进的每一个变量，都要经显著性检验合格后才引入回归方程。

## 6.3 主要监测项目分析方法

大坝安全监测项目比较多，有变形监测、渗流监测、应力应变和温度监测、强震监测、环境量监测等，各个监测项目又可细分为各个监测小项，如变形监测可以分为水平位移、垂直位移、坝基沉降、坝基倾斜、坝体接缝等，渗流监测可以分为坝基扬压力、坝体渗透压力、绕坝渗流、渗流量监测等，这里结合重力坝、土石坝常见的监测项目，对变形监测、渗流监测及温度和应力应变监测资料分析，作简要介绍。

### 6.3.1 混凝土坝变形监测资料分析

大坝及坝基在各种荷载如坝体自重、上下游水压力、温度、上游泥沙压力的作用下，会发生变形，因此大坝变形是各种因素共同作用下所产生的物理力学效应的表现。通过变形监测可以了解大坝的工作性态，监视大坝的安全，发现存在的问题。混凝土坝的变形可以分为水平位移、垂直位移、倾斜等，这里以混凝土重力坝水平位移为例，简要介绍常用的定性和定量分析的方法。

1. 大坝变形监测资料的定性分析

混凝土重力坝变形的主要原因有：①水库水的静水压力引起的弹性变形，与水库水位的变化有关；②坝体的温度变形与外界气温、水库水温的变化有关；③坝体的时效变形或不可逆变形。

水平位移的变化规律有以下几个方面：①水平位移变幅随坝高而加大，对于相同坝段，挠曲成抛物线状，测点高的位移变幅大，坝底最小。对于不同坝段，坝段高的坝顶位移变幅大，一般是岸坡坝段变幅小，河床坝段变幅大；②坝基软弱，破碎的坝段比较坚硬，完整的坝段水平位移变幅大；③坝体混凝土弹性模量高、整体性好的坝段比弹性模量低、纵缝未成整体、存在裂缝的坝段位移变幅小；④在夏季气温高，坝体向上游变形，冬季温度低，坝体向下游变形，如图 6-15 所示。水压位移分量和温度位移分量的方向相反；⑤坝体的温度位移滞后于气温变化；⑥温度对位移的影响往往比水位的影

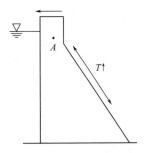

图 6-15 气温对坝体变形的影响

响大。

为直观地发现大坝变形的规律，在整理变形资料理时，一般要画出变形测值的过程线，同时还应画出水位和气温等影响变形的因素过程线。从图 6－16 中可以看出大坝水平位移明显呈年周期变化，气温越高（夏天）大坝往上游变形最大，气温越低大坝往下游变形最大，大坝变形受上游库水位影响不大，测点 EX18 年变幅最大约 9mm。

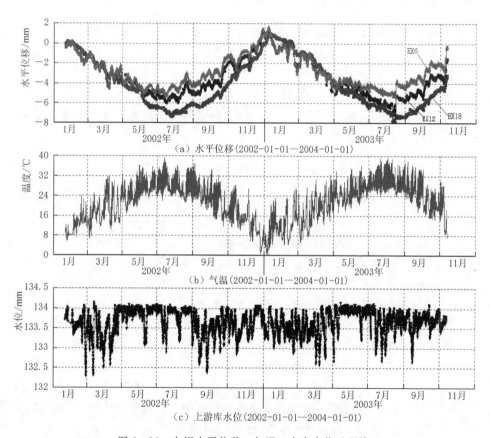

（a）水平位移(2002-01-01—2004-01-01)

（b）气温(2002-01-01—2004-01-01)

（c）上游库水位(2002-01-01—2004-01-01)

图 6－16　大坝水平位移、气温、水库水位过程线

如图 6－17 所示，根据不同坝段的不同监测时间的变形量可以画出大坝沿坝轴线方向变形的分布图，比较各个坝段变形的大小，并可以发现大坝的变化规律，是否发生趋势性变形等。包括变形的分布、过程、大小和方向，对垂线监测数据还可以画出挠度曲线图，如图 6－18 所示。

2. 变形资料的统计模型分析

大坝任何一点的水平位移都可以分为三个部分：水压分量 $\delta_H$、温度分量 $\delta_T$ 和时效分量 $\delta_\theta$，总变形可用下式表示：

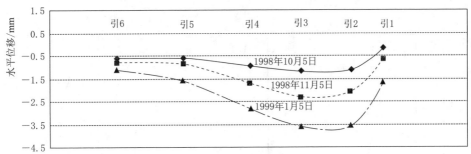

图 6-17　大坝水平位移纵向分布图

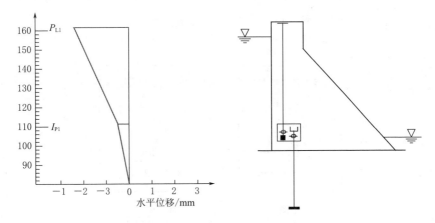

图 6-18　大坝水平位移竖向分布图

$$\delta = \delta_H + \delta_T + \delta_\theta$$

建立变形统计模型的一个重要工作就是根据工程具体情况，确定以上三个分量的表达式，下面以混凝土重力坝为例介绍分量表达式确定的方法。

（1）水压分量的因子选择。

在水压力作用下，大坝任何一点 $A$ 的水平位移，一般由三部分组成（图 6-19）：静水压力作用在坝体上产生的内力使坝体变形而引起的位移 $\delta_{1H}$；在地基上产生的内力使地基变形而引起的位移 $\delta_{2H}$；上游库水自重使地基面转动所引起的位移 $\delta_{3H}$。

1）$\delta_{1H}$、$\delta_{2H}$ 的计算公式。

为了简化计算，将大坝剖面简化为上游面铅直的三角形楔形体。在静水压力作用下，坝体和地基面上分别产生内力（$M$、$Q$），从而使大坝和坝基变形，因而使大坝测点 $A$ 发生位移。如图 6-20 所示，由工程力学推得如下公式。

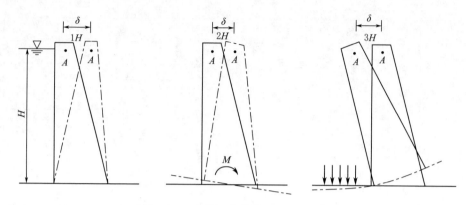

图 6-19　$\delta_H$ 的三个分量 $\delta_{1H}$、$\delta_{2H}$、$\delta_{3H}$

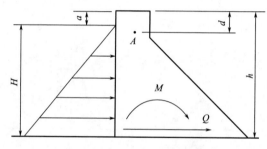

图 6-20　$\delta_{1H}$、$\delta_{2H}$ 计算简图

$$\delta_{1H}=\frac{\gamma_0}{E_c m^3}\left[(h-d)^2+6(h-H)\left(d\ln\frac{h}{d}+d-h\right)+6(h-H)^2\left(\frac{d}{h}-1+\ln\frac{h}{d}\right)\right.$$
$$\left.-\frac{(h-H)^3}{h^2 d}(h-d)^2\right]+\frac{r_0}{G_c m}\left[\frac{h^2-d^2}{4}-(h-H)(h-d)+\frac{(h-H)^2}{2}\ln\frac{h}{d}\right]$$

$$\delta_{2H}=\left[\frac{3(1-\mu_r^2)\gamma_0}{\pi E_r m^2 h^2}H^3+\frac{(1+\mu_r)(1-2\mu_r)\gamma_0}{2E_r mh}H^2\right](h-d)$$

式中　　$h$——坝高；

　　　　$a$——坝顶超高，$a=h-H$；

　　　　$m$——下游坝面坡度；

　　　　$d$——监测点离坝顶的距离；

$E_c$、$G_c$——坝体混凝土的弹性模量和剪切模量；

$E_r$、$\mu_r$——地基的变形模量和泊松比；

　　　　$r_0$——水的容重。

　　对长期运行的水库，可以找出 $a$（$=h-H$）的均值（即的均值 $\frac{a}{h}$），因此

将 $\ln\dfrac{h}{a}$（或 $\ln\dfrac{h}{h-H}$）视为常数；同时，对特定的监测点，$h-d$ 也是常数。所以从 $\delta_{1H}$ 和 $\delta_{2H}$ 的计算公式中看，$\delta_{1H}$ 与 $H$、$H^2$、$H^3$，$\delta_{2H}$ 与 $H^2$、$H^3$ 呈线性关系。

2）$\delta_{3H}$ 的计算公式。

在上游水重的作用下，引起库区变形，从而，使任何一点产生水平位移 $\delta_{3H}$。严格地讲，库水重引起的位移量十分复杂，因为库区的地形、地质都十分复杂。为了简化起见，假设库底水平，水库等宽，按无限弹性体表面作用均匀荷载，求得坝基变形产生转角引起坝体任何一点的水平位移为

$$\delta_{3H}=\frac{r_0(1+\mu_r)H}{\pi E_R}\ln(C_0+\sqrt{C_0^2+1})(h-d)$$

其中 
$$C_0=C/x_0$$

式中　$C$——水库一半宽度；

　　　$x_0$——大坝形心到上游面的距离。从上式中看出，$\delta_{3H}$ 与 $H$ 成正比。

3）水压力分量的表达式。

通过上面分析，重力坝上任何一点，由静水压力作用产生的水平位移 $\delta_H$ 与水深 $H$、$H^2$、$H^3$ 呈线性关系，即

$$\delta_H=\sum_{i=1}^{3}a_iH^i$$

4）扬压力对位移的影响。

扬压力为上浮力，使坝体产生弯矩和减轻自重，从而使坝体产生变形；泥沙压力则加大坝体的压力和库底压力，也使坝体产生变形。

坝基渗透压力可简化为上游 $0.5H$（$H=H_1-H_2$），下游为零；浮托力在坝基面上均匀作用 $H_2$。坝体扬压力在上游为水深（$y-a$），在排水管处为零（图 6-21）。用工程力学方法可推得坝基扬压力引起监测点 $A$ 的水平位移为

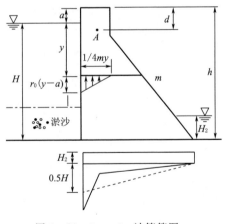

图 6-21　$\delta_{uH}$、$\delta_{dH}$ 计算简图

$$\delta_{uH}=\frac{6hH_2}{E_cm}\int_0^{h-d}\frac{1}{y^3}(h-y)(y-d)\mathrm{d}y+\frac{hH}{2mE_c}\int_0^{h-d}(2h-3y)(y-d)\mathrm{d}y$$

同理可以推得坝身扬压力引起监测点 $A$ 的水平位移 $\delta_{dH}$：

$$\delta_{dH}=\frac{5H^2}{16E_cm}f_3(h,d)$$

坝基扬压力引起监测点 $A$ 的水平位移与水头 $H$、下游水深 $H_2$ 呈线性关系。

考虑到上游水位是动态的，扬压力要滞后库水位。因此，在重力坝中，一般采用位移监测时的库水位与监测前 $j$ 天的平均库水位之差（$\Delta \overline{H_j}$）作为因子。

$$\delta_H = a \, (\overline{\Delta H})^2$$

5）泥沙压力对位移的影响。

在多沙河流中修建水库，坝前逐年淤积，加大对坝体的压力和库底的压重。在未稳定前，一方面逐年淤高；另一方面因为淤砂固结，使内摩擦角加大，减小侧压系数。因此，泥沙压力对大坝位移的影响十分复杂。在缺乏泥沙淤结和容重时，此项无法用确定性函数法选择因子。为了简化计算，一般把泥沙淤结对位移的影响由时效因子来体现，不另选择因子。

（2）温度位移分量的因子选择。

温度位移分量 $\delta_T$ 是由于坝体温度和坝基温度变化引起的位移，因此，从力学观点来看，应该选择坝体混凝土和基岩的温度测值作为因子。温度计的布设一般有下列两种情况：坝体和基岩布设足够数量的内部温度计，其测值可以反映温度场；坝体和基岩没有设温度计或极少量的温度计，而有气温和水温等边界温度计。下面分别讨论这两种情况。

1）有内部温度计的情况。

a. 用各温度计的测值作为因子。

有弹性力学分析得到，坝体在温度场（$T_i$）作用下所产生的位移，等价于下列体积力和面力作用下产生的位移。

体积力：

$$X = -\frac{aE}{1-2\mu} \frac{\partial T}{\partial x}, \quad Y = -\frac{aE}{1-2\mu} \frac{\partial T}{\partial y}, \quad Z = -\frac{aE}{1-2\mu} \frac{\partial T}{\partial z}$$

面力：

$$\overline{X} = -\frac{aET}{1-2\mu}l, \quad \overline{Y} = -\frac{aET}{1-2\mu}m, \quad \overline{Z} = -\frac{aET}{1-2\mu}n$$

用有限元计算温度位移时，整个结构的平衡方程组为

$$\{R_T\} = \frac{aE}{1-2\mu} \Big( \sum_{i=1}^{n} N_i T_i \Big) [1\ 1\ 1\ 0\ 0\ 0]^T$$

$$[K]\{\delta_T\} = \{R_T\}$$

式中　　$[K]$——劲度矩阵。

　　　　$\{\delta_T\}$——温度位移列阵。

　$E$、$a$、$\mu$——弹性模量、线膨胀系数和泊松比

　　　　$N$——形函数。

从以上几式可以看出：劲度矩阵仅决定于尺寸和弹模常数。因此，在变温 $T_i$ 的作用下，大坝任何一点的位移 $\delta_T$ 与各点的变温值呈线性关系。所以当有

足够数量的混凝土温度计时，可选择个温度计的测值作为因子：

$$\delta_T = \sum_{i=1}^{m} b_i T_i$$

b. 用等效温度作为因子。

当埋设的温度计数量很多时，用各温度计的测值作为因子，则使回归方程中包括的因子数量很多，因而增加监测数据处理的工作量。如用等效温度作为温度因子，可以大大减少工作量。

按照圣维南原理和热学性质，平均温度 $\overline{T}$ 和温度梯度 $T_a$ 用下式求得（图 6-22）。

$$\overline{T} = A_t / D, T = (12M_t - 6A_t D) / D^3$$

$$M_t = \int_0^D T_i X_i dX$$

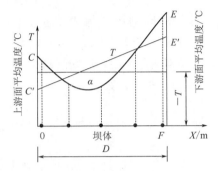

图 6-22 断面平均温度计算曲线图

式中　$A_t$——实测温度面积图 $A_t = \int_0^D T_i dX$，$\text{m}^2$；$A_t$ 对 OC 轴的面积矩，$\text{m}^3$；

　　　$T_i$——测点监测温度，℃；

　　　$X_i$——测点与上游面距离，m；

　　　$T_a$——为温度梯度，℃/m。

采用等效代替温度计测值后，温度位移分量 $\delta_T$ 的统计模型为

$$\delta_T = \sum_{i=1}^{m} b_{1i} \overline{T_i} + \sum_{i=1}^{m} b_{2i} T_{ai}$$

2）有水温和气温资料时，温度因子的选择。

当有水温和气温资料时，考虑边界温度对坝体温度的热传导影响，不同部位的坝体温度滞后边界温度的相位不同，以及变幅离边界距离删减的规律，考虑到温度位移与混凝土成线性的关系，一般选用监测前 $i$ 天的气温和水温的均值作为因子，即

$$\delta_T = \sum_{i=1}^{m} b_i T_i$$

如果是重力坝选择 $i=5$，20，50 天，如果是连拱坝选取 $i=1$，2，3，4 天。

3）多周期的谐波作为温度因子。

坝体混凝土内任一点的温度可以用周期函数表示，同时考虑温度位移与混凝土温度呈线性关系，因此，选用多周期的谐波作为因子：

$$\delta_{Ti} = \sum_{i=1}^{m} \left( b_{1i} \sin \frac{2\pi it}{365} + b_{2i} \cos \frac{2\pi it}{365} \right)$$

$i=1$ 表示年周期，$i=2$ 表示半年周期，……。一般 $m$ 取 1，2，$t$ 为从基准时间起算的天数。

（3）时效位移分量的因子选择。

大坝产生位移时效分量的原因复杂，它综合反映坝体混凝土和基岩的徐变、塑性变形以及基岩地质构造的压缩变形，同时还包括坝体裂缝引起的不可逆位移以及混凝土自生体积变形。一般正常运行的大坝，时效位移的变化规律为初期变化急剧，后期渐趋稳定。时效变形一般有以下几种函数形式。

1）指数函数：

$$\delta_\theta = C(1 - e^{-C_1\theta})$$

式中　$C$——时效位移的最终稳定值；

$\quad$ $C_1$——参数；

$\quad$ $\theta$——相对于基准时间的天数（下同）。

2）双曲函数：

$$\delta_\theta = \frac{\xi_1\theta}{\xi_2+\theta}$$

式中　$\xi_1$、$\xi_2$——参数。

3）多项式：

$$\delta_\theta = \sum_{i=1}^{m} C_i\theta^i$$

式中　$C_i$——参数。

4）对数式：

$$\delta_\theta = C\ln\theta$$

式中　$C$——参数。

5）指数函数（或对数函数）附加周期项：

$$\delta_\theta = C(1 - e^{-k\theta}) + \sum_{i=1}^{2}\left(C_{1i}\sin\frac{2\pi i\theta}{365} + C_{2i}\sin\frac{2\pi i\theta}{365}\right)$$

式中　$C$、$K$、$C_i$、$C_{i+1}$——参数。

6）线性函数：

$$\delta_\theta = \sum_{i=1}^{m} C_i\theta_i$$

式中　$C_i$——参数；

$\quad$ $m$——分段数。

时效因子形式需要根据实测资料的变化趋势，合理选用上各种函数。

（4）坝体裂缝因子的选择。

大坝运行多年后，可能会出现比较多的裂缝。这些裂缝在一定程度上改变了大坝的结构性态，其中一部分产生时效位移，因此可以用裂缝的开合度测值

作为因子，即

$$\delta = \sum_{i=1}^{m} d_i J_i$$

式中　　$d_i$——系数，$J_i$个测缝计的开合度，位移 $\delta$ 方向应该和裂缝的开合方向统一。

（5）小结。

根据坝工理论和数学力学原理，混凝土坝变形统计模型的因子选择归纳有以下几点：

1）在选择水位因子时，重力坝用 $H$ 的 3 次方，拱坝和连拱坝用 $H$ 的 4 或 5 次方，重力坝应该考虑扬压力的影响。

2）温度因子应该根据具体情况处理。当有内部温度计时，用其侧值或等效温度作为因子，当有边界温度计时，用气温和水温测值或用周期项作为因子。

3）时效因子应根据实测位移变化趋势，选择合理的数学模型。蓄水初期，可以选择对数、指数函数或双曲函数。当大坝遭遇突发事件如地震、加固等，应更改时效模型形式。

4）当大坝下游面有较大范围内裂缝时，应该将测缝计的开合度作为因子。

5）举例。

某重力拱坝坝顶的水平位移的统计模型选用两种形式 $M_1$，$M_2$，即温度因子选用各温度计测值（$T_i$）和等效温度（$\overline{T}$、$T_a$）。

$M_1$：
$$\delta = b_0 + \sum_{i=1}^{3} a_i H^i + \sum_{i=1}^{16} b_i T_i + C\theta$$

$M_2$：
$$\delta = b_0 + \sum_{i=1}^{3} a_i H^i + \sum_{i=1}^{4} b_i \overline{T}_i + \sum_{i=5}^{9} b_i T_a + C\theta$$

对监测资料分析，$F=2.70$，用逐步回归分析法得到的最佳回归方程：

$M_1$：
$$\delta = -14.99 - 3.733 \times 10^{-5} H^3 - 1.286 T_{1-2} + 1.200 T_{1-4}$$
$$-1.036 T_{2-1} + 1.630 T_{2-2} + 0.527 T_{2-5} - 0.418 T_{3-1}$$
$$+0.798 T_{3-2} + 0.430 T_{5-2} + 0.008\theta$$
$$R = 0.981, \quad S = 1.25\text{mm}$$

$M_2$：
$$\delta = -62.3 + 0.657 H - 8.63 \times 10^{-3} H^2 + 6.12\overline{T}_2 - 1.80\overline{T}_3$$
$$-0.35\overline{T}_4 + 27.86 T_{a1} + 21.78 T_{a2} - 4.93 T_{a3} + 0.026\theta$$
$$R = 0.944, \quad S = 2.13\text{mm}$$

可以看出两个模型的复相关系数 $R$ 都比较高，两种模型的计算值与实测值的拟合较好，从剩余标准差看，其中 $M_1$ 的精度要比 $M_2$ 要高。

### 6.3.2 混凝土坝渗透监测资料分析

大坝渗透监测，可以细分为很多项目，如坝基、坝身渗透压力监测，渗流量监测等，下面以坝基扬压力监测资料为例，说明其分析方法。

1. 扬压力监测资料定性分析

坝基扬压力是作用在坝底的一种重要荷载，它对坝的稳定、应力、变形都有明显的影响。整理分析坝基扬压力资料，可以验算大坝稳定，监视坝基渗透情况，了解坝基帷幕和排水系统的工作效能。

（1）扬压力影响因素分析。

上游水位的影响：当坝基为颗粒界质的软基（砂、卵石、土壤）时，坝底渗透服从直线渗透定律。当坝基为岩石时，渗透主要通过岩石裂隙。如果裂缝纵横交错，形状不规则，各个方向发育相似，渗水的运动也可按照直线渗透定律来计算，认为渗透流速与测压坡降成正比。

下游水位的影响：下游水位对坝基扬压力的影响和上游水位类似。但通常下游水位较低，变幅较小，影响也比上游水位小。

坝基条件的影响：坝基地质条件如渗透系数、断层走向，坝基帷幕灌浆及排水设施等因素都对坝基扬压有影响。

温度的影响：当温度降低时，裂缝张开，渗透压力加大；温度升高，裂缝闭合，渗透压力减小。

时效（泥沙淤结）的影响：坝体在外荷载的作用下产生应力，改变坝体内的孔隙，从而改变渗流情况。

（2）扬压力的常规分析方法。

绘制扬压力分布图及计算扬压力折减系数：根据横断面上多个测压管或渗压计的监测水位，可以绘制坝基扬压力分布图。坝踵靠上游边（坝底起点），扬压力一般等于上游水深。坝趾处坝基扬压力一般等于下游水深。坝基中部扬压力等于各个测压管的相对于坝基的水深。将各个水柱用直线连成一条折线既可以认为是扬压力分布图，如图 6-23 所示。根据图中可以计算扬压力折减系数 $\alpha$，并与设计值比较，检验坝基帷幕灌浆、排水的效果。

另一种分布图是纵向分布图（顺坝轴线方向）距离，上标监测孔号或坝段号，纵坐标为扬压水位。

绘制相关图：最常用的扬压相关图是扬压与水库的相关图，如图 6-24 所示，取水

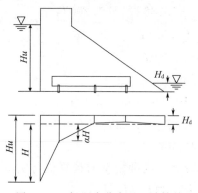

图 6-23　扬压力分布及 $\alpha$ 计算简图

库水位上为横坐标，扬压水位为纵坐标，画上各监测点后，再绘出相关线。也可以把几组数据绘在一张图上相互比较，叫综合扬压相关图，比较对象可以是一个横断面上的几个测压孔，一个纵断面上几个不同坝段的扬压力值，同一孔几个不同年份的测值等。

扬压相关图一般有以下特点：测压管水位与水库水位成直线关系，其变幅小于库水位变幅，如图 6-24（a）、（b）、（c）所示；测压管水位通常滞后于水库水位，这是由坝体或坝基的渗透系数决定的，可能形成年圈套图，如果上游泥沙淤结等原因渗流条件改善，可能会形成逐年圈套图向左移动，类似于图 6-24（e）的形式；坝基防渗条件变化时，如帷幕灌浆、排水系统逐渐淤堵等，实测测压管水位与相关线的位置移动，如图 6-24（d）所示。根据拟合的直线方程，在图上画出置信区间，就可以根据库水位来预报管水位，如图 6-24（f）所示。

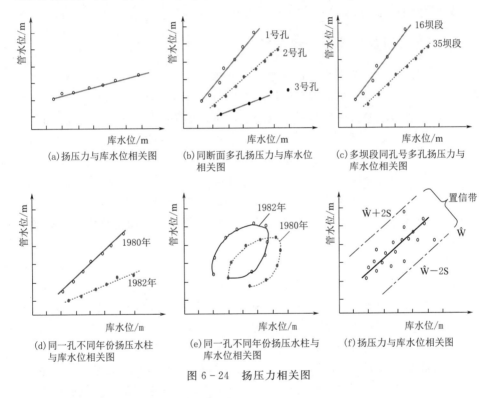

图 6-24　扬压力相关图

### 2. 扬压力监测资料统计模型分析

影响坝基扬压力大小的因素有：上下游水位差，下游水深，帷幕和排水以及坝前泥砂淤结等，因此扬压力可以有以下几项组成：上下游水位差引起的渗透压力分量 $W_H$；由于不稳定渗流的滞后影响引起的渗透压力分量 $W'_H$；下游水深引起的浮托力 $W_{Hd}$ 以及上游泥砂淤积等综合因素引起的扬压力改变量 $W$；

此外扬压力还可能与温度有关，因为温度变化会引起裂缝开合度的变化，引起扬压力的不同，因此需要将温度因子放入统计模型。

这里列出了常用的坝基扬压力统计模型的形式，根据回归效果选择其中之一：

$$M_1:\qquad W=a_0+aH_{当日}+b_1H_{前5}+b_2H_{前10}+f_1(t)$$

$$M_2:\qquad W=a_0+aH_{当日}+b_1H_{前5}+b_2H_{前10}+b_3H_{前20}+f_2(t)$$

$$M_3:\qquad W=a_0+aH_{当日}+b_1H_{前5}+b_2H_{前10}+b_3H_{前20}+f_3(t)$$

$$M_4:\qquad W=a_0+aH_{当日}+b_1H_{前1}+b_2T_{气温}+f_2(t)$$

$$M_5:\qquad W=a_0+aH_{当日}+b_1H_{前1}+b_2H_{前5}+b_3H_{前10}+b_4H_{前20}+f_2(t)$$

$$M_6:\qquad W=a_0+aH_{当日}+b_1H_{当日}^2+b_2H_{当日}^3+b_3H_{前5}+b_4H_{前5}^2+b_5H_{前5}^3$$
$$+b_6H_{前10}+b_7H_{前10}^2+b_8H_{前10}^3$$

式中：时效因子 $f_1(t)=C_1t+C_2\ln t$；$f_2(t)=C_1t+C_2t^2+C_3t^3$；$f_3(t)=C_1t$。

### 6.3.3　土石坝变形监测资料分析

土石坝的变形分为竖直方向的变形（沉降），上下游方向的水平变形和沿坝轴线方向的变形等。下面着重讨论土石坝的沉降监测资料的常规定性、定量分析。由于土石坝是由多种材料组成的散粒体，在荷载作用下，特别是竖直方向的位移要比混凝土坝大得多，变位的大小和时间对坝的安全富裕度以及防止裂缝的出现等都是重要的影响因素。

（1）土石坝沉降变形监测资料的定性分析。

土石坝沉降变形监测资料分析可以参照混凝土坝变形监测资料分析方法。定性分析的目的是发现大坝变形的规律，可以采用绘制测值过程线、分布图、统计特征值等方法。

大坝沉降变形，是指在荷载的作用下，沿竖直方向发生的位移。它主要分三个阶段：初始沉降，固结沉降和次压缩沉降。初始沉降是建筑物及其基础发生的压缩变形，这部分沉陷在土石坝施工期中发生。固结沉降是由于土体固结，颗粒间的孔隙水逐渐排出而引起的沉降，一般土石坝竣工后蓄水1～2年内的沉降就属于固结沉降，其中透水性强的土石坝固结完成得较快，初始沉降和固结沉降难以分开。次固结沉降是土体中颗粒骨架在持续荷载作用下发生的蠕变引起的，土石坝经过正常蓄水后的沉降主要是次固结沉降。大量的监测资料表明，土石坝在施工过程中，随填筑土石料的重量增加而产生的压缩变形占相当大的部分。竣工蓄水后，随着蓄水水位的周期循环，其变形有逐渐收敛的趋势。

在坝型、坝高、筑坝材料和填筑方法以及边界条件等一定的情况下，土石坝的沉降量在施工期主要与坝高和填筑料含水量有关；在运行期主要受固结影响，其中在 $1\sim2$ 年内沉降增加较快，而后渐趋稳定，同时还受库水位和温度的影响。

（2）土石坝沉降变形监测资料的统计模型。

影响土石坝变形的因素有坝型、剖面尺寸、筑坝材料和施工程序及质量，坝基的地形、地质以及水库水位的变化情况等。由于这些因素错综复杂，难以用定量描述，因此，从理论上分析土石坝变形统计模型的因子选择，在国内外还处于探索阶段，下面以运行期土石坝沉降监测资料分析为例进行介绍。

运行期的土石坝沉降主要由固结引起，同时也受库水位和温度等的影响。这里简单列出了运行期土石坝的沉降的常用统计模型形式如下式。

$$\delta_v = b_0 + \sum_{i=1}^{3} a_{1i}H^i + \sum_{i=1}^{m_1} a_{2i}\overline{H_i} + \sum_{i=1}^{m_2} b_1 T_i$$
$$+ \sum_{i=1}^{m_3} \left( b_{1i}\cos\frac{2\pi it}{365} + b_{2i}\sin\frac{2\pi it}{365} \right) + C_1\theta + C_2\ln\theta$$

上式中的 $m_2$、$m_3$ 一般取值 $9\sim10$。

土石坝水平位移的影响因素主要受时间、水位及温度等因素的影响，同于沉降的影响因素的分析，因此水平位移也可以采用上式。

## 6.3.4　土石坝渗流监测资料分析

### 6.3.4.1　坝体测压管监测资料的定性分析方法

测压管水位的定性分析方法较多，可以绘制测压管、水库水位过程线和雨量直方图分析，绘制测压管水位与水库水位的相关线或圈套图，根据测压管布置监测断面绘制浸润线，也可以计算测压管的位势并绘制历时过程线。根据水库实际情况及监测资料序列可以选择适当的方式进行测压管水位监测资料分析。

对测压管水位监测资料来说，引起误差的原因有以下几种：监测资料测错、记错；测压管的灵敏度不符合规范要求；降雨直接从管口进入测压管；管口高程发生改变等。

（1）过程线分析方法。

绘制测压管水位过程线是常规分析方法。一般情况下，测压管水位随库水位、时间逐步变化，当库水位变化不大而管水位发生突变或趋势性上升、下降时，应该引起重视，检查其原因。为了减少水库水位变化对测压管水位分析的影响，也可以将各年在同一库水位下测压管水位绘制过程线。如果因降雨引起测压管水位突变，可以从雨量直方图相应时间上明显看出；如果因为测压管长年渗流冲蚀或透水段锈蚀而淤堵导致水位趋势性变化，可以通过注水试验检查测压管灵敏度发现，灵敏度试验的具体方法见《土石坝安全监测技术规范》

（SL 551）。

　　如果个别测压管水位异常变化，在排除上述原因后，一般只能说明该管附近坝体局部渗流条件发生了变化，不能简单地认为大坝渗流发生了异常。一般还应该结合其上、下游的测压管水位变化关系加以比较，这是确定大坝内部发生渗透性能改变和渗透变形部位的充分必要条件。某渗流监测断面上的三个测压管，UP1、UP2、UP3 水位过程线如图 6-25 所示，UP1 位于坝轴线上，UP3 位于下游堆石棱体前，UP2 位于两者中间，在 3—4 月间，UP1 水位下降，UP2、UP3 相应的水位上升，在排除库水位影响后，可以肯定在 UP1 与 UP2 之间发生了渗流破坏。

　　有时可绘制特定水位下的管水位过程线进行分析，即对比同一库水位下管水位随时间的变化情况，如图 6-26 所示。

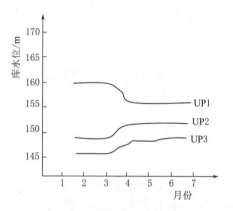

图 6-25　测压管水位过程线

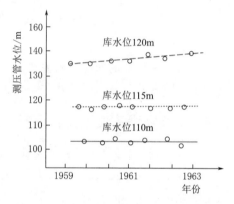

图 6-26　相同库水位下测压管水位过程线

　　（2）相关线分析。

　　一般而言，当均质坝体填筑料渗透系数较大，且当下游水位近似于常数或无明流的情况下，测压管水位与库水位的相关性应比较好，可直接绘制测压管水位—库水位的相关线，根据最小二乘法计算拟合直线的斜率 $K$，$K$ 越大表明坝体渗透系数越小，相反表明渗透系数越大。有时可以把某个测压管逐年的相关线都画出来，并注明时间以资对比。历年测值都集中在一条相关线上，表示渗透系数基本不变，坝体渗流场基本稳定。如相关线向库水位坐标轴偏移，表示渗压逐年减小，反之表示渗压增大。

　　如果相关线在某库水位以上发生转折并向渗压增大方向移动时，表示该高程渗流条件发生了改变，如图 6-27 所示，在高程 165m 处坝体就可能出现了问题，需要注意一种情况，即当坝体分区填筑材料渗透系数不同时，如某高程以上坝体分区渗透系数较大，也可能造成上述情况。

（3）圈套图分析。

如果坝体渗透系数较小，对多年测压管水位测值序列来说，可将每年测压管水位—库水位相关线的轨迹连接成线，该轨迹随着库水位的年周期性变化，构成一圈一圈的封闭环状，俗称为"圈套图"或"绳套图"。这是因为测压管水位的滞后效应造成的，当库水位上升时，测压管水位也逐步上升，当库水位升到最高水位时，测压管水位仍继续上升一定的幅度，同样，当库水位降低时，测压管达到最低水位的时刻要比水库水位要迟一些。一般来说，坝体材料渗透系数越小，测压管越靠近下游，管径越大，测压管水位的滞后越明显，圈套也就越明显。从圈套图上可以看出大坝渗流性态的变化情况和发展趋势。如图 6-28 所示，圈套逐渐向右偏移，表明坝体的抗渗性能在逐渐降低；若圈套向左偏移，表明坝体的防渗性能有所提高。

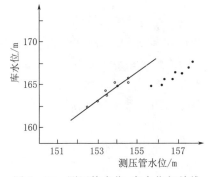

图 6-27　测压管水位-库水位相关线　　图 6-28　测压管水位-库水位圈套图

（4）浸润线分析。

根据渗流监测断面测压管布置，对某时间的水库水位及测压管水位可以作出坝体的实测浸润线。在同一张图上，作出相应库水位时的理论浸润线，可将两者做对比分析。当水库水位在某水位较长时间基本保持不变，实测浸润线和理论浸润线应该基本一致。

另一方面，一般不能因为某次实测浸润线高于理论浸润线，就判断坝体渗流异常，还应该结合水库水位的变化过程具体分析。从图 6-29 上可以看出，如果水库水位处于上升期，因为测压管水位的滞后效应，理论浸润线要高于实测浸润线；如果水库水位处于降低阶段，理论浸润线可能会低于实测浸润线。当库水位的变化速率越大或者坝体渗透系数越小，这种现象会越明显。

（5）位势分析方法。

根据渗流理论，可以将测压管的水位换算成位势，作出位势的时间过程线。测压管位势是指某测压管水头在渗流场中占总渗流水头的百分数，位势的计算公式如下：

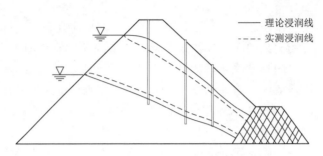

图 6-29  坝体浸润线

$$F_i = (h_i - H_2)/(H_1 - H_2) \times 100\%$$

式中  $F_i$——$i$ 个测压管的位势；

　　　$h_i$——$i$ 个测压管的水位，m；

$H_1$、$H_2$——上、下游库水位，m。

在渗透系数小的坝体中，测压管水位和库水位之间存在明显的滞后现象，测压管水位是在库水位变动情况下的非恒定渗流的瞬时状态成果，因此选择库水位和测压管水位计算位势时，不能简单地将某次测量的库水位与测压管水位代入上式。一般根据以下三个方法选用库水位和测压管水位来计算位势。

Ⅰ 选择上、下游库水位差的变幅在历年变幅的 5% 以下，且持续时间达 15 天以上的时段，即水位基本不变阶段，计算平均库水位差作为计算值，取持续时段最后一天的测压管水位代入上式计算此时的平均位势值。

Ⅱ 与上述条件一致，取这一时段的上、下游水位差及测压管水位的算术平均值，计算此时段的平均位势。

Ⅲ 在上、下游水位和测压管水位过程线上取峰值，计算位势。

水库一般在低水位运行持续时间较短，坝体渗流受不稳定渗流影响大，因此常选择水库较高水位时的监测资料计算位势。根据上述方法计算位势后，绘制位势过程线。根据渗流原理，当位势发生变化，意味着渗流条件发生了变化。如位势变大，则可能发生了防渗体破裂、内部管涌等；如位势变小，则可能是水库淤积（或测压管淤堵）等。

（6）测压管时间滞后分析。

造成测压管水位滞后于库水位的原因，可概括为如下三方面。首先，水压力传播需要时间。许多研究证实，在坝基有压渗流情况下，库水位的变化引起渗流场内某点的水压力变化，并不像封闭容器中那样，水压力按照巴斯卡原理瞬时传递，而是有一定的滞后现象。其次，测压管的充（放）水需要时间，即测压管水头与测点实际水头达到平衡需要时间。这是采用开敞式测压管水柱高度来测量渗流压力所带来的必然结果。第三，非饱和土体的充水（或无压饱和土体的水消散）需要时间。测压管滞后时间的绝大部分被这一过程所占据，因为处于自由面变动范围内的土体空隙就相当于储存或释放水的容器。当水位自由面（坝体浸润线）随时间变化时，它们的充（放）水都需要相应的时间。

测压管与库水位滞后时间的确定，在理论上很难估算，一般根据经验从监测资料中估算。在有些文章中，用公式 $T = d\Delta h / (4Kinl)$ 推算，上式中：$T$ 为滞后时间，$d$ 为测压管管径，$h$ 为测压管水位变化量，$K$ 为渗透系数，$i$ 为测压管周围的渗透坡降，$n$ 为测压管透水段的开孔率，$l$ 为测压管花管段长度。有人认为用现场试验方法也可以确定滞后时间，即从测压管中快速抽水（或注水）测定其水位恢复时间，近似地作为它的滞后时间。这两种方法显然对以上第一、三点缺乏考虑，其结果要比测压管水位真实滞后时间要短。因此我们建议根据实测资料来估算，方法是：

1）在一个水文年中，当库水位和管水位过程线各有一段相应的稳定时间时段，可取过程线由稳定状态开始变化（升或降）时转折点的时间差，或取水位变化状态达稳定时刻的转折点的时间差，作为相应测压管的滞后时间。

2）当库水位变动较频繁而不具备上述条件时，可近似取它们的相应峰（谷）值的时间差为滞后时间。

### 6.3.4.2 坝体测压管监测资料的统计模型分析

测压管水位是由上下游水位差、降雨等因素引起，管水位高低与上下游水位变幅、降雨强度和筑坝材料的渗透系数等因素有关。渗流水从上游渗到测压管位置需要一定的时间，因此管水位还与前期库水位有关，温度变化对测压管水位的影响很小，一般不予考虑。因此影响测压管水位的因素可归纳为水位分量和时效分量。水位分量包括当日库水位、下游水位、前期库水位；时效分量包括坝前淤积和土体固结对渗流的影响；降雨影响可从监测系列中扣除。

根据渗流分析，不透水地基上矩形体的浸润线方程为：

$$H_i = \sqrt{H_1^2 - \frac{2q}{k} x_i}$$

式中　　$H_i$——距上游面 $x_i$ 距离处的浸润线高程，m；

$H_1$——上游水位，m；

$k$、$q$——渗透系数和单宽流量。

对特定位置的测压管，$x$、$k$ 是一定的，所以测压管水位与库水位的一次方成比例关系。因此，在分析中一般取当日的上、下游水位和前期水位的一次方作为水位分量的表达式。

对于时效分量，坝前淤积和土体固结均与时间有关，故取与沉陷的时效分量一致的形式，即用时间的线性项和非线性项组合来表示时效分量。

当降雨落到坝面后，可以分为两个部分，一部分形成地面径流直接流入河道；另一部分则从坝面渗入坝体系形成地下径流。两部分各占多少与该坝体材料、施工方式、时间、降雨强度、降雨历时等有关，目前还很难进行分析。对测压管水位有影响的是第二部分，根据多个工程的资料分析经验，一次降雨完毕，测压管水位一般要 3～8 天才能恢复正常。为了剔除降雨对测压管水位的影响，在选择监测资料时，从整个降雨过程中选择最后一次降雨后的第 9 天开始。

因此，综合得到测压管水位的统计模型为：

$$H = b_0 + b_1 H_t + b_2 H_d + b_3 H_{bf} + b_4 \theta + b_5 \ln\theta$$

式中    $H_t$——当日库水位或坝前水深，m；

$H_d$——当日下游水位或水深，m；

$H_{bf}$——前 5 天的库水位或水深，m；

$\theta$——时效，从监测日起，每天增加 0.01；

$b_i$——回归方程中各项的待定系数（$i=0，1，2，3，4，5$）。

在以上建立统计模型时，库水位分量考虑当日、前五天的水位线性组合，这样考虑水位的影响是比较笼统的，实际上库水位对渗流的作用在第 $i$ 天时产生最大效应，则在这之前已经开始有一定的作用，在这之后也不会马上失去作用，因此在文献中就考虑引入反映库水位连续变化和作用的水位滞后影响的函数，考虑水位影响函数后的水位分量：

$$H_d = b_1 \int_{-\infty}^{t_0} \frac{1}{\alpha_1} \frac{1}{\sqrt{2\pi} x_2} e^{\frac{-(t-x_1)^2}{2x_2^2}} H(t) \mathrm{d}t$$

式中    $b_1$——回归系数；

$t$——监测时间，d；

$t_0$——某固定监测日，d。

$$\alpha_1 = \int_{-\infty}^{t_0} \frac{1}{\sqrt{2\pi} x_2} e^{\frac{-(t-x_1)^2}{2x_2^2}} \mathrm{d}t$$

式中    $x_1$、$x_2$——待定的水位滞后天数、影响天数。

同样，为了排除降雨对测压管水位的影响，在选择监测资料时，可以从整个降雨过程中选择最后一次降雨后的第 9 天开始。在文献中是这样考虑降雨分量，

$$Y_p = b_2 \int_{-\infty}^{t_0} \frac{1}{\alpha_2} \frac{1}{\sqrt{2\pi} x_4} e^{\frac{-(t-x_3)}{2x_4^2}} \left[ P(t) \right]^{2/5} \mathrm{d}t$$

式中    $b_2$——回归系数；

$P[t]$——$t$ 时刻单位时段降雨量；

$x_3$、$x_4$——待定的降雨滞后天数、影响天数。

从理论上根据测压管水位监测数据、库水位及降雨量监测数据可以计算得到，测压管水位滞后库水位的时间以及降雨对测压管水位的影响程度、时间。

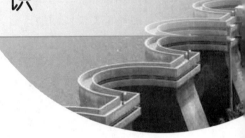

# 7 总结和认识

## 7.1 总结

（1）大坝安全监测仪器、监测技术和相关技术标准近年得到很大的发展，相关的法规也逐步完善，大坝安全工作已经得到主管部门和运行管理单位的重视，大坝安全监测技术作为了解水库大坝安全状况的重要手段，为指导水库运行提供了大量的宝贵资料，为优化水库调度奠定了基础。

（2）目前水库大坝安全条例对大坝安全监测提出了明确的要求，许多省市尚缺乏相应的监管办法和实施细则，目前许多水库对大坝安全监测的管理工作，包括技术、人员和经费都有大量工作任务亟需完成。由于缺乏大坝安全监测专项资质认定体系、培训效果考核体系、大坝安全监测人员上岗考核标准等，给水库大坝安全监测市场及工程质量的监管带来了一定的困难。

由于山西省梯级水库等情况较多，下一步将对此进行深入研究。

（3）目前技术规范种类多，针对省域特点，如何进一步提高针对性和可操作性尚缺乏系统的研究。例如：土石坝安全监测技术规范对平原水库的安全监测缺乏针对性，同时现有监测技术规范没有很好地考虑梯级水库大坝之间安全联系、没有区分施工期安全监测与更新改造情况下安全监测的区别，也没有将安全监测同具体结构的失事风险联系起来，同时尚缺乏浆砌石坝安全监测规范。

本书以山西省水库大坝安全监测管理技术为例，对省域水库大坝安全管理技术进行了有效的尝试。

## 7.2　认识

（1）全面落实大坝安全监测管理责任制。

责任落实是保证管理效益的基本要求，目前有些中小型水库存在大坝安全监测系统管理责任不落实问题。为此，下一步应结合安全监测等信息感知手段，加强相关责任制的落实。

（2）完善针对性的规章制度。

在依据国家、上级部门和行业相关法规和标准的基础上，结合水库大坝安全监测的需要，建立地方性或区域性大坝安全监测系统的相关规章制度并严格执行，是确保监测系统充分发挥效益的前提。针对山西省水库大坝安全监测管理，特别是预警指标等的拟订，建立省区统一标准也势在必行。

（3）全面提高资料分析水平，及时发现安全隐患。

前期调研主要在系统配置和管理方面，下一步将加强对监测资料分析深度的调查研究，针对不同坝型及其安全风险，确定监测资料分析深度，明确监控指标。

（4）提高信息共享水平。

根据大坝安全风险管理的要求，加强涉水库安全的信息共享，提高数据融合水平，将安全检测、安全评价和安全监测以及科学研究成果加以综合运用，实现多源数据深度融合，是有效提高水库管理水平的关键。为此，必须在保证监测系统可靠性的前提下，加强数据标准化研究和接口标准化工作。

# 附录 1　SL 258—2017《水库大坝安全评价导则》

## 前　言

根据水利技术标准制修订计划安排，按照 SL 1—2014《水利技术标准编写规定》的要求，对 SL 258—2000《水库大坝安全评价导则》进行修订。

本标准共 12 章和 2 个附录，主要技术内容有：

——现场安全检查及安全检测；

——安全监测资料分析；

——工程质量评价；

——运行管理评价；

——防洪能力复核；

——渗流安全评价；

——结构安全评价；

——抗震安全评价；

——金属结构安全评价；

——大坝安全综合评价。

本次修订的主要内容有：

——拓展了导则的适用范围；

——对首次大坝安全鉴定与后续大坝安全鉴定提出了不同要求；

——对缺少基础资料的小型水库大坝安全评价工作做了简化规定；

——对原各章的基础资料要求进行了归并，增加了基础资料一章；

——增加了现场安全检查及安全检测一章；

——增加了安全监测资料分析一章；

——对章节顺序及工程质量评价、运行管理评价、金属结构安全评价、大坝安全综合评价等章节内容进行了调整，对其他章节内容进行了完善。

本标准为全文推荐。

本标准所替代标准的历次版本为：

——SL 258—2000

本标准批准部门：中华人民共和国水利部

本标准主持机构：水利部建设与管理司

本标准解释单位：水利部建设与管理司

本标准主编单位：南京水利科学研究院

　　　　　　　　水利部大坝安全管理中心

本标准参编单位：河海大学

本标准出版、发行单位：中国水利水电出版社

本标准主要起草人：盛金保　彭雪辉　王昭升　邹　鹰

　　　　　　　　　骆少泽　顾培英　王　健　朱　瑶

　　　　　　　　　谭界雄　向　衍　龙智飞　周克发

　　　　　　　　　刘成栋　蒋金平　张士辰　李宏恩

　　　　　　　　　厉丹丹　牛志伟　孙玮玮　王晓航

　　　　　　　　　江　超

本标准审查会议技术负责人：李同春

本标准体例格式审查人：陈　昊

本标准在执行过程中，请各单位注意总结经验，积累资料，随时将有关意见和建议反馈给水利部国际合作与科技司（通信地址：北京市西城区白广路二条 2 号；邮政编码：100053；电话：010-63204565；电子邮箱：bzh@mwr.gov.cn），以供今后修订时参考。

# 1　总　　则

**1.0.1**　为做好水库大坝安全鉴定工作，规范其技术工作的内容、方法及标准（准则），制定本标准。

**1.0.2**　本标准适用于坝高 15m 及以上或库容 100 万 $m^3$ 及以上的已建水库大坝安全评价，坝高小于 15m 的小（2）型已建水库大坝可参照执行。

大坝包括永久性挡水建筑物，以及影响大坝安全的泄水、输水、过船等建筑物与其金属结构、近坝岸坡。

**1.0.3**　水库大坝安全评价应搜集相关基础资料，并对资料进行复核。当基础资料不满足大坝安全评价要求时，应通过补充工程地质勘察、安全检测等途径查清补齐。

**1.0.4**　水库大坝安全评价应在现场安全检查和监测资料分析基础上，按照现行相关规范的规定和要求，复核工程等别、建筑物级别以及防洪标准与抗震设防标准，查明工程质量及大坝现状实际工作条件，对水库大坝防洪能力、渗流安全、结构安全、抗震安全、金属结构安全以及运行管理等进行复核与评价，并综合上述复核与评价结果，对大坝安全进行综合评价。复核计算的荷载和参数应采用最新调洪计算及监测、试验、检测成果。

防洪能力、渗流安全、结构安全、抗震安全、金属结构安全的评价结论分为 A、B、C 三级。A 级为安全可靠；B 级为基本安全，但有缺陷；C 级为不安全。工程质量评价结论分为"合格""基本合格""不合格"；运行管理评价结论分为"规范""较规范""不规范"，作为大坝安全综合评价的参考依据。

**1.0.5**　首次大坝安全鉴定应按本标准要求对大坝安全进行全面评价，后续大坝安全鉴定应重点针对运行中暴露的质量缺陷和安全问题进行专项论证。对有安全监测资料的水库大坝，应从监测资料分析入手，了解大坝安全性状。

对险情明确、基础资料不足的一般小（1）型及小（2）型水库大坝，可由水库主管部门组织专家组在现场安全检查工作基础上，由专家组对大坝安全类别进行认定。

**1.0.6**　大坝安全评价宜按 1.0.4 条要求的评价内容编写专项报告，并综合各专项报告编写大坝安全综合评价报告。

**1.0.7**　大坝安全综合评价报告应对大坝安全状况进行分类。大坝安全类别分为一类坝、二类坝、三类坝。一类坝安全可靠，能按设计正常运行；二类坝基本安全，可在加强监控下运行；三类坝不安全，属病险水库大坝。对评定为二类、三类的大坝，应提出处置对策和加强管理的建议。

**1.0.8**　本标准主要引用下列标准：

GB 8076　混凝土外加剂

GB/T 14173　水利水电工程钢闸门制造、安装及验收规范

GB 18306　中国地震动参数区划图

GB/T 50107　混凝土强度检验评定标准

GB 50119　混凝土外加剂应用技术规范

GB/T 50123　土工试验方法标准

GB/T 50152　混凝土结构试验方法标准

GB 50201　防洪标准

GB 50204　混凝土结构工程施工质量验收规范

GB 50288　灌溉与排水工程设计规范

GB/T 50315　砌体工程现场检测技术标准

GB/T 50344　建筑结构检测技术标准

GB 50487　水利水电工程地质勘察规范

GB 50766　水利水电工程压力钢管制作安装及验收规范

SL 25　砌石坝设计规范

SL 41　水利水电启闭机设计规范

SL 44　水利水电工程设计洪水计算规范

SL 46　水工预应力锚固施工规范

SL 47　水工建筑物岩石基础开挖施工技术规范

SL 48　水工碾压混凝土试验规程

SL 53　水工碾压混凝土施工规范

SL 55　中小型水利水电工程地质勘察规范

SL 61　水文自动测报系统技术规范

SL 62　水工建筑物水泥灌浆施工技术规范

SL 74　水利水电工程钢闸门设计规范

SL 101　水工钢闸门及启闭机安全检测技术规程

SL 104　水利工程水利计算规范

SL 106　水库工程管理设计规范

SL 174　水利水电工程混凝土防渗墙施工技术规范

SL 176　水利水电工程施工质量检验与评定规程

SL 189　小型水利水电工程碾压式土石坝设计导则

SL 191　水工混凝土结构设计规范

SL 203　水工建筑物抗震设计规范

SL 210　土石坝养护修理规程

SL 226　水利水电工程金属结构报废标准

SL 228　混凝土面板堆石坝设计规范

SL 230　混凝土坝养护修理规程

SL 237　土工试验规程

SL 252　水利水电工程等级划分及洪水标准

SL 253　溢洪道设计规范

SL 268　大坝安全自动监测系统设备基本技术条件

SL 274　碾压式土石坝设计规范

SL 279　水工隧洞设计规范

SL 281　水电站压力钢管设计规范

SL 282　混凝土拱坝设计规范

SL 285　水利水电工程进水口设计规范

SL 314　碾压混凝土坝设计规范

SL 319　混凝土重力坝设计规范

SL 326　水利水电工程物探规程

SL 352　水工混凝土试验规程

SL 377　水利水电工程锚喷支护技术规范

SL 379　水工挡土墙设计规范

SL 381　水利水电工程启闭机制造安装及验收规范

SL 386　水利水电工程边坡设计规范

SL 432　水利工程压力钢管制造安装及验收规范

SL 501　土石坝沥青混凝土面板和心墙设计规范

SL 531　大坝安全监测仪器安装标准

SL 551　土石坝安全监测技术规范

SL 601　混凝土坝安全监测技术规范

SL 605　水库降等与报废标准

SD 120　浆砌石坝施工技术规范（试行）

CECS：02　超声回弹综合法检测混凝土强度技术规程

CECS：03　钻芯法检测混凝土强度技术规程

CJ/T 3006　供水排水用铸铁闸门

DL/T 709　压力钢管安全检测技术规程

DL/T 5100　水工混凝土外加剂技术规程

DL/T 5129　碾压式土石坝施工技术规范

DL/T 5144　水工混凝土施工规范

JGJ/T 23　回弹法检测混凝土抗压强度技术规程

JGJ/T 152　混凝土中钢筋检测技术规程

JTJ 308　船闸闸阀门设计规范

JTJ 309　船闸启闭机设计规范

**1.0.9**　水库大坝安全评价除应符合本标准规定外，尚应符合国家现行有关标准的规定。

# 2　基　础　资　料

## 2.1　一　般　规　定

**2.1.1**　应根据大坝安全评价的需要，搜集和整理水库流域概况和水文气象、工程特性、工程地质、设计与施工、安全监测、大坝安全状况、大坝运行管理等方面的资料。

**2.1.2** 基础资料应能反映水库工程当前的实际状况，特别应注意搜集运行过程中可能发生变化的资料，包括水文系列延长、水库功能与防洪保护对象变化、抗震标准改变、淤积与库容变化、水库特征值变化、水库调度运行方式改变、大坝下游冲刷等方面的资料。

**2.1.3** 应对搜集的基本资料的准确性和可靠性进行分析，对存在明显错误或系统偏差的资料，应予纠正或剔除。

**2.1.4** 当搜集的基础资料不满足大坝安全评价要求时，应通过走访、现场检查、补充地质勘察、安全检测等途径和手段查清补齐。

## 2.2　资　料　搜　集

**2.2.1** 流域概况和水文气象资料搜集与复核应按 SL 44 的有关规定进行。

**2.2.2** 工程特性方面应搜集水库大坝工程概况、工程特性表、现状工程图等资料。

**2.2.3** 工程地质方面应搜集和分析各阶段工程地质勘察资料，并根据需要，有针对性地补充勘探、测试及试验。

**2.2.4** 设计与施工方面应搜集大坝初始建设、改扩建及除险加固工程的设计、施工、验收资料，以及历次设计审查意见和批复文件。

**2.2.5** 安全监测方面应搜集大坝安全监测系统设计与埋设安装资料、运行期监测记录，以及历次大坝安全监测资料整编与分析报告。

**2.2.6** 大坝安全状况方面应搜集历次大坝安全鉴定及鉴定结论的处理情况资料，以及水库运行过程中暴露的工程质量缺陷、安全隐患、事故的处理情况资料。

**2.2.7** 大坝运行管理方面应搜集水库管理机构与管理制度、管理设施、调度运用、维修养护、应急管理、运行大事记、存在问题等方面的资料。

# 3　现场安全检查及安全检测

## 3.1　一　般　规　定

**3.1.1** 现场安全检查的目的是检查大坝是否存在工程安全隐患与管理缺陷，并为大坝安全评价工作提供指导性意见；安全检测的目的是为了揭示大坝现状质量状况，并为大坝安全评价提供能代表目前性状的计算参数。

**3.1.2** 现场安全检查应成立现场安全检查专家组，并由专家组完成现场安全检查工作。

**3.1.3** 安全检测包括坝基和土质结构的钻探试验与隐患探测、混凝土结构

安全检测、砌石结构安全检测和金属结构安全检测。

　　安全检测应满足相关规范的要求，宜减小对检测对象结构的扰动与不利影响。

**3.1.4**　安全检测结果应与历史资料和运行监测资料进行对比分析，综合给出大坝安全评价所需要的参数。

## 3.2　现 场 安 全 检 查

**3.2.1**　现场安全检查应在查阅资料基础上，对大坝外观与运行状况、设备、管理设施等进行全面检查和评价，并填写现场安全检查表，编制大坝现场安全检查报告，提出大坝安全评价工作的重点和建议。

　　大坝现场安全检查表参见附录 A，具体可根据工程实际情况增减表中内容。

**3.2.2**　现场安全检查的项目和内容、方法和要求、记录和报告：土石坝应按照 SL 551 有关巡视检查的规定执行；混凝土坝应按 SL 601 有关现场检查的规定执行；其他坝型可参照土石坝或混凝土坝的要求执行，并结合坝型特点增减检查项目。

## 3.3　钻探试验与隐患探测

**3.3.1**　当缺少大坝工程地质资料或土石坝坝体填筑质量资料时，应补充工程地质勘察与钻探试验；当大坝存在可疑工程质量缺陷或运行中出现重大工程险情，且已有资料不能满足安全评价需要时，应补充钻探试验和（或）隐患探测。

**3.3.2**　补充工程地质勘察和钻探试验，大型水库大坝应按 GB 50487 的相关规定执行；中小型水库大坝应按 SL 55 的相关规定执行。

**3.3.3**　采用物探方法进行大坝工程隐患探测时，应按 SL 326 的相关规定执行。

## 3.4　混凝土结构安全检测

**3.4.1**　混凝土结构安全检测应包括下列内容，具体可根据大坝安全评价工作需要与现场检测条件确定：

　　**1**　混凝土外观质量与缺陷检测。

　　**2**　主要结构构件混凝土强度检测。

　　**3**　混凝土碳化深度、钢筋保护层厚度与锈蚀程度检测。

　　**4**　当主要结构构件或有防渗要求的结构出现裂缝、孔洞、空鼓等现象时，应检测其分布、宽度、长度和深度，并分析产生的原因。

　　**5**　当结构因受侵蚀性介质作用而发生腐蚀时，应测定侵蚀性介质的成分、含量，并检测结构的腐蚀程度。

**3.4.2**　混凝土结构变形检测可参照 GB/T 50152 的规定进行。

**3.4.3**　混凝土内部缺陷检测宜采用超声法、冲击反射法等非破损方法，必要时可采用局部破损方法对非破损检测结果进行验证。超声法的检测操作应按 SL 352 的规定执行。

**3.4.4**　结构构件混凝土抗压强度检测可采用回弹法、超声回弹综合法、射钉法、钻芯法等方法，具体应根据现场条件选择。如现场条件允许，应采用钻芯法对其他方法进行修正。

回弹法、超声回弹综合法、射钉法、钻芯法的检测操作应分别按 JGJ/T 23、CECS 02、SL 352、CECS 03 的规定执行。

**3.4.5**　结构构件混凝土劈裂抗拉强度检测宜采用圆柱体芯样试件施加劈裂荷载的方法，检测操作应按 SL 352 的规定进行。

**3.4.6**　混凝土结构应力检测包括混凝土和钢筋的应变检测，检测操作应按 GB/T 50152 的规定执行。

**3.4.7**　混凝土碳化深度检测应按 JGJ/T 23 的规定进行。

**3.4.8**　钢筋保护层厚度检测宜采用非破损的电磁感应法或雷达法，必要时可凿开混凝土进行验证。检测操作应按 JGJ/T 152 的规定执行。

**3.4.9**　钢筋锈蚀状况检测可根据测试条件和测试要求选择剔凿检测方法或电化学测定方法，并应遵守下列规定：

**1**　剔凿检测方法应剔凿出钢筋直接测定钢筋的剩余直径。

**2**　电化学测定方法的检测操作应按 SL 352 及 GB/T 50344—2004 附录 D 的规定执行，并宜配合剔凿检测方法进行验证。

**3.4.10**　结构构件裂缝检测应遵守下列规定：

**1**　检测项目应包括裂缝位置、长度、宽度、深度、形态和数量，检测记录可采用表格或图形的形式。

**2**　裂缝深度可采用超声法检测，必要时可钻取芯样予以验证。超声法检测操作应按 SL 352 的规定执行。

**3**　对于仍在发展的裂缝，应定期观测。

**3.4.11**　侵蚀性介质成分、含量及结构腐蚀程度检测，应根据具体腐蚀状况，参照 SL 352 及其他相应技术标准的规定进行。

## 3.5　砌石结构安全检测

**3.5.1**　砌石结构安全检测宜包括下列项目，具体可根据安全评价工作需要与现场检测条件确定：

**1**　石材检测。

**2**　砌筑砂浆（细石混凝土）检测。

**3**　砌石体检测。

**4**　砌筑质量与构造检测。

**5**　砌石结构损伤与变形检测。

**3.5.2**　检测单元、测区和测点要求可参照 GB/T 50315 的规定执行。

**3.5.3**　石材检测包括石材强度、尺寸偏差、外观质量、抗冻性能、石材品种等检测项目。

石材强度检测可采用钻芯法或切割成立方体试块的方法，检测操作应按 GB/T 50344 的规定执行。

**3.5.4**　砌筑砂浆（细石混凝土）检测包括砂浆强度、品种、抗冻性和抗渗性等检测项目。

砂浆强度检测可采用推出法、筒压法、砂浆片剪切法、砂浆回弹法、点荷法、砂浆片局压法，检测方法选用原则及检测操作应按 GB/T 50315 的规定执行。

砂浆抗冻性和抗渗性检测操作应按 SL 352 的规定执行。

**3.5.5**　砌石体检测包括砌石体强度、容重、孔隙率、密实性等检测项目。

砌石体强度检测可采用原位轴压法、扁顶法、切制抗压试件法，检测方法选用原则及检测操作应按 GB/T 50315 的规定执行。

砌石体容重、孔隙率、密实性检测操作应按 SD 120 的规定执行。

**3.5.6**　砌石结构砌筑质量与构造检测可参照 GB/T 50344 及其他相应技术标准的规定执行。

**3.5.7**　砌石结构变形与损伤检测包括裂缝、倾斜、基础不均匀沉降、环境侵蚀损伤、灾害损伤及人为损伤等检测项目。其中，裂缝检测应遵循下列规定：

**1**　测定裂缝位置、长度、宽度和数量。

**2**　必要时剔除抹灰，确定砌筑方法、留槎、洞口、线管及预制构件对裂缝的影响。

**3**　对于仍在发展的裂缝，应定期观测。

## 3.6　金属结构安全检测

**3.6.1**　钢闸门、拦污栅和启闭机的现场安全检测项目、抽样比例、检测操作、检测报告应按 SL 101 的规定执行。

**3.6.2**　压力钢管现场安全检测项目、抽样比例、检测操作、检测报告应按 DL/T 709 的规定执行。

**3.6.3**　过船和升船等其他金属结构安全检测可参照以上规定执行。

# 4　安全监测资料分析

## 4.1　一　般　规　定

**4.1.1**　大坝安全监测资料分析的目的是通过水位、气温、降水量等环境量与变形、裂缝开度、应力应变、渗流压力、渗流量等效应量监测资料的分析，评估大坝安全性态是否正常或发生转异。

**4.1.2**　大坝安全监测资料分析内容包括监测系统完备性评价、监测资料可靠性分析、监测资料正反分析以及大坝安全性态评估。

**4.1.3**　大坝安全监测资料分析方法：土石坝应按 SL 551 执行；混凝土坝应按 SL 601 执行；浆砌石坝可参照 SL 601 执行。

**4.1.4**　施工质量缺陷、不同建筑物接合面、坝肩结合部以及运行中出现异常现象等部位附近的监测资料应作为分析的重点；对因除险加固工程建设或监测系统更新改造造成监测资料不连续的，应分阶段进行分析，并注意前后系列资料之间的对比。

## 4.2　监测系统完备性和监测资料可靠性评价

**4.2.1**　监测系统完备性评价应包括下列要点：

  **1**　监测项目是否满足规范要求，测点布置是否合理。

  **2**　是否建立监测数据信息管理系统，系统功能是否完备。

  **3**　观测频次是否满足规范要求，监测资料是否按规范要求及时整编分析。

**4.2.2**　监测数据可靠性评价应包括下列要点：

  **1**　监测仪器选型是否合适，埋设安装是否满足 SL 531 及 SL 551 或 SL 601 的相关规定。

  **2**　监测仪器性能是否稳定或完好，仪器观测精度是否满足设计或规范要求。

  **3**　自动监测系统运行是否稳定，平均无故障工作时间和采集数据缺失率是否符合 SL 268 的规定。

  **4**　监测数据物理意义是否合理，是否超过仪器量程和材料的物理限值，检验结果是否在限差内。

  **5**　监测数据是否符合连续性、一致性、相关性等原则。

## 4.3　监　测　资　料　分　析

**4.3.1**　监测资料分析可采用比较法、作图法、特征值统计法、数学模型法，具体可参见 SL 551 或 SL 601。

**4.3.2**　大坝安全监测资料分析应主要包括下列工作：

　　**1**　分析历次巡视检查资料，通过大坝外观异常现象及其部位、变化规律和发展趋势，定性判断与工程安危的可能联系。

　　**2**　分析效应量随时间的变化规律，考察相同运行条件下的变化趋势和稳定性，以判断大坝运行性态有无异常和存在向不利安全方向发展的时效作用。

　　**3**　分析效应量在空间分布上的情况和特点，判断大坝是否存在异常区或不安全部位。

　　**4**　分析各效应量的特征值和异常值，并与相同条件下的设计值、试验值、模型预报值，以及历年变化范围相比较。当效应量超出警戒值时，应分析原因及对大坝安全的影响。

　　**5**　利用相关图或数学模型，分析效应量的主要影响因素及其定量关系和变化规律，以寻求效应量异常的主要原因，考察效应量与原因量相关关系的稳定性，预测效应量的发展趋势，并判断其是否影响大坝安全运行。当监测资料序列较长时，可采用统计模型，有条件时亦可采用确定性模型或混合模型。

## 4.4　大坝安全性态评估

**4.4.1**　大坝安全监测资料分析应做出下列明确结论：

　　**1**　大坝变形是否符合一般规律和趋于稳定；大坝渗流场是否稳定，土石坝的浸润线（面）及混凝土坝的坝基扬压力是否正常；大坝应力（压力）、应变是否小于规范或设计允许值。在此基础上，综合评价大坝安全性态。

　　**2**　巡视检查或监测资料应反映大坝安全性态异常的部位、性质、特征和出现的时间、运行条件，以及异常情况的处理情况与效果。

　　**3**　根据监测工作中存在的问题，对监测设备、方法、测次等提出改进意见。

　　**4**　根据监测资料分析结果，指出可能影响大坝安全的潜在隐患与原因，并针对性提出改善大坝运行管理、维修养护或除险加固的建议。

**4.4.2**　根据监测资料分析结果对大坝安全性态进行分级应遵循下列原则：

　　**1**　当所有监测资料变化规律正常，测值在经验值及规范、设计、试验规定的允许值内，运行过程中无异常情况，可认为大坝安全性态正常。

　　**2**　当局部监测资料存在趋势性变化现象，但测值仍在警戒值或经验值及规范、设计、试验规定的允许值以内，可认为大坝安全性态基本正常。

　　**3**　当监测资料有向大坝安全不利方向发展的明显趋势性变化，或测值发生突变，超出警戒值或经验值及规范、设计、试验规定的允许值，可认为大坝安全性态异常。

# 5　工程质量评价

## 5.1　一般规定

**5.1.1**　工程质量评价的目的是复核大坝基础处理的可靠性、防渗处理的有效性，以及大坝结构的完整性、耐久性与安全性等是否满足现行规范和工程安全运行要求。

**5.1.2**　工程质量评价应包括下列主要内容：

**1**　评价大坝工程地质条件及基础处理是否满足现行规范要求。

**2**　评价大坝工程质量现状是否满足规范要求。

**3**　根据运行表现，分析大坝工程质量变化情况，查找是否存在工程质量缺陷，并评估对大坝安全的影响。

**4**　为大坝安全评价提供符合工程实际的参数。

**5.1.3**　对勘测、设计、施工、验收、运行资料齐全的水库大坝，应在相关资料分析基础上，重点对施工质量缺陷处理效果、验收遗留工程施工质量及运行中暴露的工程质量缺陷进行评价。

对缺乏工程质量评价所需基本资料，或运行中出现异常的水库大坝，应补充钻探试验与安全检测（查），并结合运行表现，对大坝工程质量进行评价。

**5.1.4**　工程质量评价应采用下列基本方法：

**1**　现场检查法。通过现场检查并辅以简单测量、测试及安全监测资料分析，复核大坝形体尺寸、外观质量及运行情况是否正常，进而评判大坝工程质量。

**2**　历史资料分析法。通过对工程施工质量控制、质量检测（查）、验收以及安全鉴定、运行、安全监测等资料的复查和分析，对照现行规范要求，评价大坝工程质量。

**3**　钻探试验与安全检测法。当上述两种方法尚不能对大坝工程质量做出评价时，应通过补充钻探试验与安全检测取得原体参数，并据此对大坝工程质量进行评价。

**5.1.5**　当评价发现大坝工程质量不满足规范要求或存在重大质量缺陷时，应评估其对工程安全的影响，并确定是否需要采取措施进行处理。

**5.1.6**　对超高坝或新型材料坝，应评价其工程质量是否满足设计与论证要求。对运行中暴露工程质量缺陷或隐患的大坝，应进行专题研究。

## 5.2　工程地质条件评价

**5.2.1**　应对枢纽区地形地貌、地层岩性、地质构造、地震、水文地质等进行

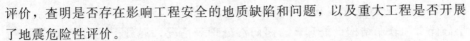

评价，查明是否存在影响工程安全的地质缺陷和问题，以及重大工程是否开展了地震危险性评价。

**5.2.2**　对运用中发生地震或工程地质条件发生重大变化的水库大坝，应评估工程地质条件变化及其对工程安全的影响。

## 5.3　土石坝工程质量评价

**5.3.1**　土石坝工程质量评价应复核坝基处理、筑坝材料选择与填筑、坝体结构、防渗体施工以及坝体与坝基、岸坡及其他建筑物的连接等是否符合现行相关设计规范、施工规范及 SL 176 的要求。

**5.3.2**　坝基处理质量复核应查明坝基及岸坡开挖、砂砾石坝基渗流控制、岩石坝基处理，以及易液化土、软黏土和湿陷性黄土坝基的处理等情况，大中型水库及坝高大于 30m 的小型水库土石坝应符合 SL 274 要求；其他小型水库土石坝应符合 SL 189 要求；面板堆石坝应符合 SL 228 要求。同时，坝基及岸坡开挖还应符合 SL 47 要求；砂砾石坝基渗流控制及岩石坝基处理还应符合 SL 62、SL 174、DL/T 5129 要求。

**5.3.3**　筑坝材料选择与填筑质量复核应查明筑坝材料的土性、颗粒含量、渗透性以及填土的压实度、相对密度或孔隙率，大中型水库及坝高大于 30m 的小型水库土石坝应符合 SL 274 要求；其他小型水库土石坝应符合 SL 189 要求；面板堆石坝应符合 SL 228 要求。坝体填筑质量同时还应符合 DL/T 5129 要求。

**5.3.4**　坝体结构应主要复核坝体分区、防渗体、反滤层和过渡层、坝体排水、护坡等是否符合 SL 274、SL 189、SL 228 等相应规范要求。

**5.3.5**　防渗体施工质量除应符合 SL 274、SL 189、SL 228、SL 501 等相应规范要求外，帷幕灌浆还应符合 SL 62 要求，土质防渗体填筑还应符合 DL/T 5129 要求，混凝土防渗墙施工还应符合 SL 174 要求，面板堆石坝的混凝土面板、趾板施工还应符合 DL/T 5144、GB 50204、GB/T 50107 的要求。

**5.3.6**　坝体与坝基、岸坡及其他建筑物的连接处理应符合 SL 274、SL 189、SL 228 等相应规范要求。

**5.3.7**　对运行中出现不均匀沉降、塌陷、裂缝、滑坡、集中渗漏、散浸等现象的土石坝，必要时应补充工程地质勘察与安全检测，以分析查明质量缺陷，并评估对大坝结构稳定、渗流稳定的影响。

## 5.4　混凝土坝工程质量评价

**5.4.1**　混凝土坝工程质量评价应复核坝基处理、坝体构造、混凝土浇筑、温度控制及防裂措施等是否符合现行相关设计规范、施工规范及 SL 176 的要求。

5.4.2　坝基处理质量复核应查明坝基开挖、固结灌浆、坝基防渗和排水、断层破碎带和软弱结构面处理、岩溶防渗处理等情况，混凝土重力坝应符合 SL 319 要求；混凝土拱坝应符合 SL 282 要求。同时，坝基开挖还应符合 SL 47 要求；固结灌浆和帷幕灌浆还应符合 SL 62 要求；混凝土防渗墙施工还应符合 SL 174 要求。

5.4.3　坝体构造应主要复核坝顶、坝内廊道及通道、坝体分缝、坝体止水和排水、大坝混凝土材料及其分区等是否符合 SL 319、SL 282、SL 314 等相应规范要求。

5.4.4　混凝土浇筑质量应复核混凝土的强度、抗渗、抗冻等级（标号）、抗冲、抗磨蚀、抗溶蚀性能，以及变形模量等是否符合 SL 319、SL 282、SL 314 等相应规范要求。同时，常态混凝土还应符合 DL/T 5144、GB 50204、GB/T 50107 的要求；碾压混凝土还应符合 SL 53、SL 48 的要求。使用外加剂的，还应符合 GB 8076、DL/T 5100 和 GB 50119 的有关规定。

5.4.5　坝体温度控制及防裂措施应符合 SL 319、SL 282、SL 314 等相应规范要求。

5.4.6　对运行中出现裂缝、剥蚀、碳化、倾斜及漏水等现象的混凝土坝，应进行调查和检测，分析查明质量缺陷，并评估对大坝稳定性、耐久性以及整体安全的影响。

## 5.5　砌石坝工程质量评价

5.5.1　砌石坝工程质量评价应复核坝基处理、筑坝材料、坝体防渗、坝体构造、坝体砌筑、温度控制等是否符合 SL 25、SD 120 以及 SL 176 的要求。

5.5.2　坝基处理质量复核，砌石重力坝可参照混凝土重力坝执行，砌石拱坝可参照混凝土拱坝执行；筑坝材料主要复核石料和胶凝材料是否符合要求；当采用混凝土防渗面板和心墙进行坝体防渗时，其浇筑质量复核可参照 5.4.4 条执行；坝体构造主要复核坝顶布置和交通，坝内廊道和孔洞，坝体分缝、排水和基础垫层是否符合要求。

5.5.3　坝体砌筑质量应复核胶结材料的强度、抗渗、抗冻等级（标号）、抗溶蚀性能以及砌体强度、砌体容重与空隙率、砌体密实性等是否符合要求。

5.5.4　对运行中出现裂缝、漏水等现象的砌石坝，应进行调查和检测，分析查明质量缺陷，并评估对大坝稳定性及整体安全的影响。

## 5.6　泄水、输水及其他建筑物工程质量评价

5.6.1　泄水、输水建筑物包括溢洪道、泄洪（隧）洞、输水（隧）洞（管）及其金属结构，其他建筑物包括过船（木）建筑物、鱼道以及影响大坝安全的

近坝岸坡。

**5.6.2** 泄水、输水及其他建筑物的混凝土结构工程质量评价可参照5.4节执行，并应符合 SL 253、SL 279、SL 285、GB 50288、SL 191、SL 379 以及 DL/T 5144、GB 50107、GB 50204、SL 47、SL 62、SL 176 等标准的有关规定。

**5.6.3** 泄水、输水及其他建筑物的砌石结构工程质量评价可参照5.5节执行，并应符合 SL 253、SL 379、SD 120、SL 47、SL 62、SL 176 等标准的有关规定。

**5.6.4** 建筑物边坡工程质量评价应复核开挖和压脚、地面排水、地下排水、坡面支护、深层加固、灌浆处理、支挡措施等是否符合 SL 386、SL 46、SL 377 以及 SL 47、SL 62、SL 176 等标准的有关规定。

**5.6.5** 泄水、输水及其他建筑物金属结构工程质量评价应重点复核其制造和安装是否符合 SL 74、SL 41、SL 281 以及 GB/T 14173、SL 381、SL 432、GB 50766 等相关标准的规定。

## 5.7 工程质量评价结论

**5.7.1** 工程质量满足设计和规范要求，且工程运行中未暴露明显质量缺陷的，工程质量可评为合格。

**5.7.2** 工程质量基本满足设计和规范要求，且运行中暴露局部质量缺陷，但尚不严重影响工程安全的，工程质量可评为基本合格。

**5.7.3** 工程质量不满足设计和规范要求，运行中暴露严重质量缺陷和问题，安全检测结果大部分不满足设计和规范要求，严重影响工程安全运行的，工程质量应评为不合格。

# 6 运 行 管 理 评 价

## 6.1 一 般 规 定

**6.1.1** 运行管理评价的目的是评价水库现有管理条件、管理工作及管理水平是否满足相关大坝安全管理法规与技术标准的要求，以及保障大坝安全运行的需要，并为改进大坝运行管理工作提供指导性意见和建议。

**6.1.2** 运行管理评价内容包括对水库运行管理能力、调度运用、维修养护、安全监测的评价。

**6.1.3** 运行管理的各项工作应根据相应的大坝安全管理法规与技术标准，结合水库具体情况，制定相应的规章制度，并有专人负责实施。

## 6.2 运行管理能力评价

**6.2.1** 运行管理能力评价应主要复核水库管理体制机制、管理机构、管理制度、管理设施等是否符合《水库大坝安全管理条例》及 SL 106 等相关大坝安全管理法规与技术标准的要求。

**6.2.2** 体制机制应复核水库是否划定合适的工程管理范围与保护范围；是否建立以行政首长负责制为核心的大坝安全责任制，明确政府、主管部门和管理单位责任人；是否按照要求完成水库管理体制改革任务，理顺管理体制，落实人员基本支出和工程维修养护经费。

**6.2.3** 管理机构应复核水库是否按照 SL 106 及相关法规与规范性文件要求组织建立适合水库运行管理需要的管理单位，并配备足额具备相应专业素养、满足水库运行管理需要的行政管理与工程技术人员。

**6.2.4** 管理制度应复核水库管理机构是否按照相关法规与规范性文件要求，制定适合水库实际的调度运用、安全监测、维修养护、防汛抢险、闸门操作以及行政管理、水政监察、技术档案等管理制度并严格执行。

**6.2.5** 管理设施应复核水库水文测报站网、工程安全监测设施、水库调度自动化系统、防汛交通与通信设施、警报系统、工程维修养护设备和防汛设施、供水建筑物及其自动化计量设施、水质监测设施、水库管理单位办公生产用房等是否完备和处于正常运行状态。管理设施完备性评价要点应包括下列内容：

    **1** 大型及重点中型水库应按 SL 61 要求，建立水文测报站网及自动测报系统，并与上一级系统联网；一般中小型水库至少应设置库区降水观测设施。

    **2** 大中型水库应按 SL 551 或 SL 601 要求，设置满足水库运行管理需要并能反映工程安全性状的大坝安全监测设施；小型水库应参照 SL 551 或 SL 601 要求设置必要的安全监测设施。对具有供水功能的水库，应设置供水水量计量设施以及水质监测设施。

    **3** 大中型水库应建立对外以及水库工程管理范围内各建筑物之间的交通道路，并配备足够数量的交通工具，满足水库日常运行管理和防汛抢险需要，大型水库道路标准应达三级以上，中型水库道路标准应达四级以上。对外道路应与正式公路相接。在道路适当地点应设置回车场、停车场，并设置路标和里程碑。小型水库应有到达枢纽主要建筑物的必要交通条件，防汛道路应到达坝肩或坝下，道路标准应满足防汛抢险需要。

    **4** 大中型水库应配备可靠的对内、对外通信设施（备），满足水库日常管理信息传递、汛期报汛及紧急情况下报警的要求。对外通信应建立与主管部门和上级防汛指挥部门以及水库上、下游主要水文站和上、下游有关地点的有线及无线通信网络。小型水库应配备必要的通信设施，满足汛期报汛及紧急情况

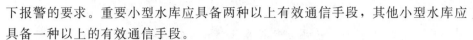

下报警的要求。重要小型水库应具备两种以上有效通信手段，其他小型水库应具备一种以上的有效通信手段。

**5** 大中型水库应根据水库工程规模和特点，按 SL 106 等规范要求配备工程维修和防汛设施，包括备用电源、照明设备、工程维修养护和防汛抢险物资与设备、应急救援设备，以及用于储备物资和设备的仓库、料场等。小型水库应结合防汛抢险需要，储备必要的防汛抢险与应急救援物料器材。

**6** 大中型水库及设有运行管理机构的小型水库，应根据管理人员数量与水库日常管理和防汛抢险需要，按 SL 106 确定的标准配备办公、生产用房和办公设施（备）；其他小型水库应配备必要的管理用房，满足管护人员汛期值守要求。

## 6.3 调 度 运 行 评 价

**6.3.1** 调度运行评价主要复核水库调度规程编制、安全监测、应急预案编制、运行大事记、技术档案等工作是否符合相关大坝安全管理法规与技术标准的要求，以及能否按照审批的调度规程合理调度运用。

**6.3.2** 水库管理单位或主管部门（业主）应根据相关要求，组织编制水库调度规程，并按管辖权限经水行政主管部门审批后执行。水库汛期调度运用计划应由有调度权限的防汛抗旱指挥部门审批。

当水库调度任务、运行条件、调度方式、工程安全状况发生重大变化时，应适时对调度规程进行修订，并报原审批部门审查批准。

**6.3.3** 土石坝、混凝土坝应分别按 SL 551、SL 601 要求，砌石坝参照 SL 601 要求，定期开展大坝安全巡视检查与仪器监测工作，并及时对监测资料进行整编分析，用于指导大坝安全运行。对具有供水功能的水库，应对水质进行监测。

**6.3.4** 水库管理单位或主管部门（业主）应根据相关要求，组织编制水库大坝安全管理应急预案，并履行相应的审批和备案手续。

**6.3.5** 水库管理单位或主管部门（业主）应编写完整、翔实的水库运行大事记，重点记载水库逐年运行特征水位和泄量，运行中出现的异常情况及原因分析与处理情况，遭遇特大洪水、地震、异常干旱等极端事件时的大坝安全性态，历次安全鉴定结论和加固改造情况。

**6.3.6** 水库管理单位或主管部门（业主）应加强技术资料积累与管理，建立水库工程基本情况、建设与改造、运行与维护、检查与监测、安全鉴定、管理制度等技术档案。对缺失或存在问题的资料应查清补齐、复核校正。

## 6.4 工 程 养 护 修 理 评 价

**6.4.1** 工程养护修理包括对水库枢纽水工建筑物、闸门与启闭设备、监测设施、防汛交通和通信设施、备用电源等的检查、测试及养护和修理，以及对影响大坝安全的生物破坏进行防治。

**6.4.2**　工程养护修理评价主要复核水库管理单位和主管部门（业主）是否按照相关大坝安全管理法规和技术标准要求，制订维修养护计划，落实维修养护经费，对大坝和相关设施（备）进行经常性的养护和修理，使其处于安全和完整的工作状态。

**6.4.3**　工程养护修理应按 SL 210、SL 230 等相关标准的要求执行。对设备还应定期检查和测试，确保其安全和可靠运行。

**6.4.4**　对大坝以往开展的修理和加固改造工程及其效果应做详细记载和评价。

## 6.5　运 行 管 理 评 价 结 论

**6.5.1**　运行管理评价应做出下列明确结论：

　　**1**　水库管理机构和管理制度是否健全，管理人员职责是否明晰。

　　**2**　大坝安全监测、防汛交通与通信等管理设施是否完善。

　　**3**　水库调度规程与应急预案是否制定并报批。

　　**4**　是否能按审批的调度规程合理调度运用，并按规范开展安全监测，及时掌握大坝安全性态。

　　**5**　大坝是否得到及时养护修理，处于安全和完整的工作状态。

**6.5.2**　当 6.5.1 条中五方面均做得好，水库能按设计条件和功能安全运行时，大坝运行管理可评为规范。

**6.5.3**　当 6.5.1 条中大部分做得好，水库基本能按设计条件和功能安全运行时，大坝运行管理可评为较规范。

**6.5.4**　当 6.5.1 条中大部分未做到，水库不能按设计条件和功能安全运行时，大坝运行管理应评为不规范。

# 7　防 洪 能 力 复 核

## 7.1　一 般 规 定

**7.1.1**　防洪能力复核的目的是根据水库设计阶段采用的水文资料和运行期延长的水文资料，并考虑建坝后上下游地区人类活动的影响以及水库工程现状，进行设计洪水复核和调洪计算，评价大坝现状抗洪能力是否满足现行有关标准要求。

**7.1.2**　防洪能力复核的主要内容应包括防洪标准复核、设计洪水复核计算、调洪计算及大坝抗洪能力复核。

**7.1.3**　如果经批复的水库现状防洪标准符合或超过现行规范要求，宜沿用原水库防洪标准。否则，应对水库防洪标准进行调整，并履行审批手续。

**7.1.4**　设计洪水复核计算应优先采用流量资料推求。如设计洪水复核计算成果小于原设计洪水成果，宜沿用原设计洪水成果进行调洪计算。

**7.1.5**　调洪计算应根据设计批复的调度原则和采用能反映工程现状的水位～泄量～库容关系曲线。当调洪计算结果低于原设计或前次大坝安全鉴定确定的指标时，宜仍沿用原特征水位和库容指标。

**7.1.6**　当大坝控制流域内还有其他水库时，应研究各种洪水组合，并按梯级水库调洪方式进行防洪能力的复核。考核上游水库拦洪作用对下游水库的有利因素时应留有足够余地，并应考虑上游水库超标准泄洪时的安全性。

**7.1.7**　对设有非常溢洪道的水库，应根据非常溢洪道下游的现状条件，复核其是否能够按原设计确定的启用方式和条件及时泄洪。

## 7.2　防洪标准复核

**7.2.1**　应根据水库总库容以及现状防洪保护对象的重要性与功能效益指标，复核水库工程等别、建筑物级别和防洪标准是否符合 GB 50201 和 SL 252 的规定。

**7.2.2**　如水库现状工程等别、建筑物级别和防洪标准达不到 GB 50201 和 SL 252 要求，应根据《水利枢纽工程除险加固近期非常运用洪水标准的意见》（详见附录 B），确定水库近期非常运用洪水标准，并按 GB 50201 和 SL 252 对防洪标准进行调整，作为本次防洪能力复核调洪计算与大坝抗洪能力复核的依据。

## 7.3　设计洪水复核计算

**7.3.1**　设计洪水包括设计洪峰流量、设计洪水总量、设计洪水过程线、设计洪水的地区组成和分期设计洪水等。按拥有的资料不同，设计洪水可分为由流量资料推求和由雨量资料推求。

对天然河道槽蓄能力较大的水库，应采用入库洪水资料进行设计洪水计算；若设计阶段采用的是坝址洪水资料，宜改用入库洪水资料，或估算入库洪水的不利影响。

对于难以获得流量资料的中小型水库，可根据雨量资料，计算流域设计暴雨，然后通过流域产汇流计算，推求相应频率的设计洪水。对于缺乏暴雨洪水资料的水库，可利用邻近地区实测或调查洪水和暴雨资料，进行地区综合分析，计算设计洪水。

**7.3.2**　由流量资料推求设计洪水应采用下列步骤：

1　利用设计阶段坝址洪水或入库洪水实测系列资料、历史调查洪水资料，并加入运行期坝址洪水或入库洪水实测系列资料，延长洪峰流量和不同时段洪量的系列，进行频率计算。当运行期无实测入库洪水资料时，可利用实测库水

175

位和出库流量记录以及水位～库容曲线反推求算入库洪水系列资料。

**2** 频率曲线的线型宜采用皮尔逊Ⅲ型，对特殊情况，经分析论证后也可采用其他线型。可采用矩法或其他参数估计法初步估算频率曲线的统计参数，然后采用经验适线法或优化适线法调整初步估算的统计参数。当采用经验适线法时，宜拟合全部点据；拟合不好时，可侧重考虑较可靠的大洪水点据。

**3** 在分析洪水成因和洪水特性基础上，选用对工程防洪运用较不利的大洪水过程作为典型洪水过程，据以放大求取各种频率的设计洪水过程线。

**7.3.3** 由雨量资料推求设计洪水应采用下列步骤：

**1** 当流域内雨量站较多、分布比较均匀、且具有长期比较可靠的暴雨资料时，可直接选取各种历时面平均暴雨量系列，进行暴雨频率计算，推求设计暴雨。设计暴雨包括设计流域各种历时点或面暴雨量、暴雨的时程分配和面分布。当流域面积较小，且缺少各种历时面平均暴雨量系列时，可用相应历时的设计点雨量和暴雨点面关系间接计算设计面暴雨量；当流域面积很小时，可用设计点暴雨量作为流域设计面平均暴雨量。

**2** 在设计流域内或邻近地区选择若干个测站，对所需各种历时暴雨做频率分析，并进行地区综合，合理确定流域设计点雨量。也可从经过审批的暴雨统计参数等值线图上查算工程所需历时的设计点雨量。

**3** 设计暴雨量的时程分配应根据符合大暴雨雨型特性的综合或典型雨型，采用不同历时设计暴雨量同频率控制放大。

**4** 设计暴雨的面分布应根据符合大暴雨面分布特性的综合或典型面分布，以流域设计面雨量为控制，进行同倍比放大计算。也可采用分区的设计面雨量同频率控制放大计算。

**5** 根据设计暴雨计算结果，采用暴雨径流相关、扣损等方法进行产流计算，求得设计净雨过程。根据设计净雨过程，可采用单位线、河网汇流曲线等方法推求设计洪水过程线。如流域面积较小，可用推理公式计算设计洪水过程线。

**6** 当流域面积小于1000km²、且又缺少实测暴雨资料时，可采用经审批的暴雨径流查算图表计算设计洪水。必要时可对参数做适当修正。

**7** 对于采用可能最大洪水作为非常运用洪水标准的水库，应复核可能最大暴雨和可能最大洪水的计算成果。

**7.3.4** 特殊地区的设计洪水复核计算可参见 SL 44。

## 7.4 调 洪 计 算

**7.4.1** 应根据水库承担的任务以及运行环境和功能变化，复核水库调度运用方式，在此基础上进行洪水调节计算，按照复核确定的水库防洪标准及近期非常运用洪水标准确定水库的防洪库容、拦洪库容和调洪库容以及相应的防洪特征水位。

**7.4.2** 调洪计算前应做好计算条件的确定和有关资料的核查等准备工作。

    **1** 核定起调水位应符合下列规定：

      1）大坝设计未经修改的，应采用原设计确定的汛期限制水位。

      2）大坝经过加固或改、扩建或水库控制流域人类活动对设计洪水有较大改变的，应采用经过审批重新确定的汛期限制水位。

      3）因各种原因降低汛期限制水位控制运用的，应仍采用原设计确定的汛期限制水位。

    **2** 复核设计拟定的或经主管部门批准变更的调洪运用方式的实用性和可操作性，了解有无新的限泄要求。

    **3** 复核水位～库容曲线。对多泥沙河流上淤积比较严重的水库，应采用淤积后的实测成果，且应相应缩短复核周期。

    **4** 复核泄洪建筑物泄流能力曲线。对具有泄洪功能的输水建筑物，其泄量可加入泄流能力曲线进行调洪计算，但是否全部或部分参与泄洪，应根据 SL 104 的规定确定。

**7.4.3** 调洪计算宜采用静库容法。对动库容占较大比重的重要大型水库，宜采用入库设计洪水和动库容法进行调洪计算；当设计洪水采用坝址洪水时，仍宜采用静库容法。

**7.4.4** 调洪计算时不宜考虑气象预报。但对洪水预报条件好、预报方案完善、预报精度较高的水库，在估计预报误差留有余地的前提下，洪水调节计算时可适当考虑预报预泄。

## 7.5 大坝抗洪能力复核

**7.5.1** 应在 7.4 节调洪计算确定的防洪特征水位基础上，加上坝顶超高，求得满足防洪标准要求的最低坝顶高程或防浪墙顶高程，并与现状实际坝顶高程或防浪墙顶高程比较，评判大坝现状抗洪能力是否满足 GB 50201 和 SL 252 或《水利枢纽工程除险加固近期非常运用洪水标准的意见》要求。

    坝顶超高应按照相关设计规范要求进行计算。

    对土石坝，还应按 SL 274 要求复核防渗体顶高程是否满足防洪标准要求。

**7.5.2** 应从下列几个方面复核泄洪建筑物在设计洪水和校核洪水条件下的泄洪安全性：

    **1** 能否安全下泄最大流量。

    **2** 泄水对大坝有何影响。

**3** 泄水对下游河道有何影响。

**7.5.3** 对大型和全国防洪重点中型水库，宜估算下泄设计洪水、校核洪水和溃坝影响范围，以及可能造成的生命和经济损失。

## 7.6 防洪能力复核结论

**7.6.1** 防洪能力复核应做出下列明确结论：

**1** 水库原设计防洪标准是否满足 GB 50201 和 SL 252 要求，是否需要调整。

**2** 水文系列延长后，原设计洪水成果是否需要调整。

**3** 水库泄洪建筑物的泄流能力是否满足安全泄洪的要求。

**4** 水库洪水调度运用方式是否符合水库的特点，是否满足大坝安全运行的要求，是否需要修订。

**5** 大坝现状坝顶高程或防浪墙顶高程以及防渗体顶高程是否满足规范要求。

**7.6.2** 当水库防洪标准及大坝抗洪能力均满足规范要求，洪水能够安全下泄时，大坝防洪安全性应评为 A 级。

**7.6.3** 当水库防洪标准及大坝抗洪能力不满足规范要求，但满足近期非常运用洪水标准要求；或水库防洪标准及大坝抗洪能力满足规范要求，但洪水不能安全下泄时，大坝防洪安全性可评为 B 级。

**7.6.4** 当水库防洪标准及大坝抗洪能力不满足近期非常运用洪水标准要求时，大坝防洪安全性应评为 C 级。

# 8 渗流安全评价

## 8.1 一 般 规 定

**8.1.1** 渗流安全评价的目的是复核大坝渗流控制措施和当前的实际渗流性态能否满足大坝按设计条件安全运行。

**8.1.2** 渗流安全评价应包括下列主要内容：

**1** 复核工程的防渗和反滤排水设施是否完善，设计与施工（含基础处理）质量是否满足现行有关规范要求。

**2** 查明工程运行中发生过何种渗流异常现象，判断是否影响大坝安全。

**3** 分析工程防渗和反滤排水设施的工作性态及大坝渗流安全性态，评判大坝渗透稳定性是否满足要求。

**4** 对大坝存在的渗流安全问题分析其原因和可能产生的危害。

**8.1.3**　应在现场安全检查基础上，根据工程地质勘察、渗流监测、安全检测等资料，综合监测资料分析与渗流计算对大坝渗流安全进行评价。对有渗流监测资料的大坝，首先应进行监测资料分析；对运行中暴露的异常渗流现象应做重点分析；对设有穿坝建筑物的土石坝，还应重点分析穿坝建筑物与坝体之间的接触渗透稳定是否满足要求。

**8.1.4**　对超高坝、新型材料坝及渗流性态复杂的大坝，必要时应补充安全检测和原体监测，通过专题研究论证，对大坝渗流安全做出评价。

## 8.2　渗流安全评价方法

**8.2.1**　渗流安全评价可采用现场检查法、监测资料分析法、计算分析法和经验类比法，宜综合使用。

**8.2.2**　现场检查法。通过现场检查大坝渗流表象，判断大坝渗流安全状况。当工程存在下列现象时，可初步认为大坝渗流性态不安全或存在严重渗流安全隐患，并进一步分析论证：

　　**1**　渗流量在相同条件下不断增大；渗漏水出现浑浊或可疑物质；出水位置升高或移动等。

　　**2**　土石坝上游坝坡塌陷、下游坝坡散浸，且湿软范围不断扩大；坝趾区冒水翻砂、松软隆起或塌陷；库内出现漩涡漏水、铺盖产生严重塌坑或裂缝。

　　**3**　坝体与两坝端岸坡、输水涵管（洞）等结合部漏水，附近坝面塌陷，渗水浑浊。

　　**4**　渗流压力和渗流量同时增大，或者突然改变其与库水位的既往关系，在相同条件下显著增大。

**8.2.3**　监测资料分析法。通过分析渗流压力和渗流量与库水位之间的相关关系，判断大坝渗流性态是否正常；同时，通过渗流压力和渗流量实测值或数学模型推算值与设计、试验或规范给定的允许值相比较，判断大坝渗流安危程度。监测资料分析方法具体见4.3节。

**8.2.4**　计算分析法。通过理论方法或数值模型计算大坝的渗流量、水头、渗流压力、渗透坡降等水力要素及其分布，绘制流网图，评判防渗体的防渗效果，以及关键部位渗透坡降是否小于允许渗透坡降，浸润线（面）是否低于设计值，渗流出逸点高程是否在贴坡反滤保护范围内。常用的数值计算方法多采用渗流有限单元法。当有渗流监测资料时，应通过反演分析确定渗流参数。

**8.2.5**　经验类比法。对中小型水库，当缺少监测资料和渗透试验参数时，可根据工程具体情况、坝体结构与工程地质条件，依据工程经验或与类似工程对比，判断大坝渗流安全性。

# 8.3 土石坝渗流安全评价

**8.3.1** 坝基渗流安全评价应包括下列要点：

**1** 砂砾石层的渗透稳定性，应根据土的类型及其颗粒级配判别其渗透变形形式，核定其相应的允许渗透比降，与实际渗透比降相比，判断渗流出口有无管涌或流土破坏的可能性，以及渗流场内部有无管涌、接触冲刷等渗流隐患。

**2** 覆盖层为相对弱透水土层时，应复核其抗浮稳定性，其允许渗透比降宜通过渗透试验或参考流土指标确定；当有反滤盖重时，应核算盖重厚度和范围是否满足要求。

**3** 接触面的渗透稳定应主要评价下列两种情况：

1）复核粗、细散粒料土层之间有无流向平行界面的接触冲刷和流向从细到粗垂直界面的接触流土可能性；粗粒料层能否对细粒料层起保护作用。

2）复核散粒料土体与混凝土防渗墙、涵管和岩石等刚性结构界面的接触渗透稳定性。应注意分析散粒料与刚性面结合的紧密程度、出口有无反滤保护，以及与断层破碎带、灰岩溶蚀带、较大张性裂隙等接触面有无妥善处理及其抗渗稳定性。

**4** 应分析地基中防渗体的防渗性能与渗透稳定性。

**8.3.2** 坝体渗流安全评价应包括下列要点：

**1** 对均质坝，应复核坝体的防渗性能是否满足规范要求、坝体实际浸润线（面）和下游坝坡渗出段高程是否高于设计值，还应注意坝内有无横向或水平裂缝、松软结合带或渗漏通道等。

**2** 对分区坝，应符合下列规定：

1）应复核心墙、斜墙、铺盖、面板等防渗体的防渗性能及渗透稳定性是否满足规范要求，心墙或斜墙的上、下游侧有无合格的过渡层，水平防渗铺盖的底部垫层或天然砂砾石层能否起保护作用，面板有无合格垫层。

2）应复核上游坝坡在库水骤降情况下的抗滑稳定性和下游坝坡出逸段（区）的渗透稳定性，下游坡渗出段的贴坡层是否满足反滤层的设计要求。

3）对于界于坝体粗、细填料之间的过渡区以及棱体排水、褥垫排水和贴坡排水，应复核反滤层设计的保土条件和排水条件是否合格，以及运行中有无明显集中渗流和大量固体颗粒被带出等异常现象。

**8.3.3** 对绕坝渗流，应复核两坝端填筑体与山坡结合部的接触渗透稳定性，

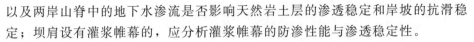

以及两岸山脊中的地下水渗流是否影响天然岩土层的渗透稳定和岸坡的抗滑稳定；坝肩设有灌浆帷幕的，应分析灌浆帷幕的防渗性能与渗透稳定性。

**8.3.4** 对渗漏水，应分析渗流量与库水位之间的相关关系，并注意是否存在接触渗漏问题，以及渗漏水是否出现浑浊或可疑物质。

## 8.4　混凝土坝与砌石坝渗流安全评价

**8.4.1** 坝基渗流安全评价应包括下列要点：

　　**1** 应分析灌浆帷幕的防渗性能与渗透稳定性，以及坝基排水孔的有效性，并结合扬压力监测数据，复核坝基扬压力系数是否满足设计和规范要求，及其对大坝抗滑稳定性的影响。

　　**2** 坝基接触面有断层破碎带、软弱夹层和裂隙充填物时，应复核这些物质的抗渗稳定性，其允许抗渗比降宜由专项试验确定；当软弱岩层中设有排水孔时，应复核其是否设有合格的反滤料保护。

　　**3** 对非岩石坝基，应分析地基中灌浆帷幕、防渗墙等垂直防渗体的防渗性能与渗透稳定性，复核坝基接触处相应土类的水平渗流和渗流出口的渗透稳定性。

**8.4.2** 对坝体，应复核坝体、上游防渗面板或心墙的防渗性能是否满足设计和规范要求。对存在坝体渗漏现象的砌石坝，应检测砌筑砂浆的强度变化及抗渗性，并复核坝体强度和抗滑稳定安全性。对设有防渗面板或心墙的砌石坝，还应复核防渗体与基础防渗帷幕是否形成连续的封闭防渗体系。

**8.4.3** 对绕坝渗流及岸坡地下水渗流，应通过两岸地下水动态分析，分析灌浆帷幕的防渗性能与渗透稳定性，以及两岸山脊中的地下水渗流是否影响坝肩地质构造带的渗透稳定和坝肩抗滑稳定。

**8.4.4** 对渗漏水，应分析析出物和水质化学成分，并与库水的化学成分做对比，以判断对混凝土建筑物或天然地基有无破坏性化学侵蚀。

**8.4.5** 在库水位相对稳定期或下降期，如渗流量和扬压力单独或同时出现骤升、骤降的异常现象，且多与温度有关时，还应结合温度和变形监测资料作结构变形分析。

## 8.5　泄水、输水建筑物渗流安全评价

**8.5.1** 溢洪道、泄洪洞应分别按 SL 253、SL 279，并参照 8.4 节进行渗流安全评价。

**8.5.2** 输水隧洞（涵管）的渗流安全评价，应检查洞（管）身有无漏水、管内有无土粒沉积、岩（土）体与洞（涵管）结合带是否有水流渗出、出口有无反滤保护，在此基础上，分析其外围结合带有无接触冲刷等渗透稳定问题。

## 8.6 渗流安全评价结论

**8.6.1** 大坝渗流安全复核应做出下列明确结论：

**1** 大坝防渗和反滤排水设施是否完善。

**2** 大坝渗流压力与渗流量变化规律是否正常，坝体浸润线（面）或坝基扬压力是否低于设计值。

**3** 各种岩土材料与防渗体的渗透稳定性是否满足要求。

**4** 运行中有无异常渗流现象存在。

**8.6.2** 当大坝防渗和反滤排水设施完善，设计与施工质量满足规范要求；通过监测资料分析和计算分析，大坝渗流压力与渗流量变化规律正常，坝体浸润线（面）或坝基扬压力低于设计值，各种岩土材料与防渗体的渗透比降小于其允许渗透比降；运行中无渗流异常现象时，可认为大坝渗流性态安全，评为A级。

**8.6.3** 当大坝防渗和反滤排水设施较为完善；通过监测资料分析和计算分析，大坝渗流压力与渗流量变化规律基本正常，坝体浸润线（面）或坝基扬压力未超过设计值；运行中虽出现局部渗流异常现象，但尚不严重影响大坝安全时，可认为大坝渗流性态基本安全，评为B级。

**8.6.4** 当大坝防渗和反滤排水设施不完善，或存在严重质量缺陷；通过监测资料分析和计算分析，大坝渗流压力与渗流量变化改变既往规律，在相同条件下显著增大，关键部位的渗透比降大于其允许渗透比降，或渗流出逸点高于反滤排水设施顶高程，或坝基扬压力高于设计值；运行中已出现严重渗流异常现象时，应认为大坝渗流性态不安全，评为C级。

# 9 结 构 安 全 评 价

## 9.1 一 般 规 定

**9.1.1** 结构安全评价的目的是复核大坝（含近坝岸坡）在静力条件下的变形、强度与稳定性是否满足现行规范要求。

**9.1.2** 结构安全评价的主要内容包括大坝结构强度、变形与稳定复核。土石坝的重点是变形与稳定分析；混凝土坝、砌石坝及输水、泄水建筑物的重点是强度与稳定分析。

**9.1.3** 结构安全评价可采用现场检查法、监测资料分析法和计算分析法。应在现场安全检查基础上，根据工程地质勘察、安全监测、安全检测等资料，综合监测资料分析与结构计算对大坝结构安全进行评价。对有变形、应力、应变

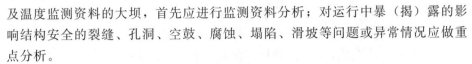

及温度监测资料的大坝，首先应进行监测资料分析；对运行中暴（揭）露的影响结构安全的裂缝、孔洞、空鼓、腐蚀、塌陷、滑坡等问题或异常情况应做重点分析。

**9.1.4** 对超高坝、新型材料坝及结构性态复杂的大坝，必要时应补充安全检测和原体监测，通过专题研究论证，对大坝结构安全做出评价。

## 9.2 土石坝结构安全评价

**9.2.1** 土石坝结构安全评价应主要复核坝体变形规律是否正常，变幅与沉降率是否在安全经验值范围之内；以及坝坡稳定、坝顶高程、坝顶宽度、上游护坡是否满足规范要求。

坝顶高程复核见 7.5 节；坝顶宽度及上游护坡复核应按 SL 274、SL 228 及 SL 189 的规定执行。

**9.2.2** 变形分析包括沉降（竖向位移）分析、水平位移分析、裂缝分析，必要时应进行应力应变分析。分析方法或途径包括变形监测资料分析和变形计算分析，两者应相互验证和补充。对有变形监测资料的大坝，首先应做监测资料分析；当缺乏变形监测资料且大坝已发生异常变形和开裂，或沿坝轴线地形和地质条件变化较大有开裂疑虑时，应进行变形计算分析。变形分析应包括下列要点：

**1** 变形监测资料分析按 SL 551 和 4.3 节执行。

**2** 变形计算分析主要包括裂缝分析和应力应变分析。裂缝分析可采用基于沉降监测资料的倾度法。当缺乏沉降监测资料时，可利用沉降计算结果。沉降可按 SL 274—2001 附录 E，采用分层总和法计算，也可采用有限单元法计算。对 1 级、2 级高坝及有特殊要求的土石坝，应进行应力应变分析。应力应变分析可采用有限单元法。

**3** 变形分析评价应对下列问题做出结论：

1）大坝总体变形性状及坝体沉降是否稳定。

2）大坝防渗体是否产生危及大坝安全的裂缝。

3）大坝变形监测是否符合规范要求。

**9.2.3** 坝坡稳定复核计算应包括下列要点：

**1** 稳定计算的工况按 SL 274、SL 228 及 SL 189 执行，并应采用大坝现状的实际环境条件和水位参数。

**2** 稳定计算方法按 SL 274 及 SL 228 执行。

**3** 稳定分析所需的抗剪强度指标和孔隙水压力根据 SL 274 及 SL 228，按下列原则确定：

1）当无代表现状的抗剪强度参数时，对于大型及重要中型水库大坝，应钻探取样，按 GB/T 50123 及 SL 237，通过三轴试验测定抗剪强度指标；对于一般中小型水库，可按 SL 55 及 SL 237，通过直接慢剪试验测定土的有效强度指标；对渗透系数小于 $10^{-7}$cm/s 或压缩系数小于 $0.2MPa^{-1}$ 的土体，也可采用直接快剪或固结快剪试验测定其总应力强度指标。

2）稳定渗流期坝体及坝基中的孔隙水压力，应根据流网确定。对于 1 级、2 级坝、重要中型水库大坝及高坝，其流网应根据孔隙水压力监测资料绘制；也可通过渗流有限单元法计算相应高水位下的渗流场，绘出流网。

3）水位降落期上游坝壳内的孔隙水压力，对于无黏性土，可通过渗流计算确定库水位降落期坝体内的浸润线位置，绘出瞬时流网，定出孔隙水压力；对于黏性土，可采用 SL 274—2001 附录 C 的方法估算，对 1 级、2 级坝及高坝，宜通过监测资料进行校核。对特高坝或特别重要的工程，宜采用有限元法进行库水位降落期的非稳定渗流计算，确定相应的渗流场及孔隙水压力。

**4** 稳定计算所得到的坝坡抗滑稳定安全系数，不应小于 SL 274、SL 228 及 SL 189 的规定。

## 9.3 混凝土坝结构安全评价

**9.3.1** 混凝土坝结构安全评价应主要复核大坝强度与稳定、坝顶高程、坝顶宽度等是否满足规范要求。

坝顶高程复核见 7.5 节；坝顶宽度复核应按 SL 319 及 SL 282 的规定执行。

**9.3.2** 大坝强度与稳定复核，重力坝和拱坝应分别按 SL 319 和 SL 282 规定的方法进行，支墩坝等坝型可参照上述规范执行。

**9.3.3** 强度复核主要包括应力复核与局部配筋验算；稳定复核主要应核算重力坝与支墩坝沿坝基面和沿坝基软弱夹层、缓倾角结构面的抗滑稳定性，拱坝两岸拱座的抗滑稳定性以及支墩坝支墩的侧向稳定性，碾压混凝土重力坝还应按 SL 314 复核碾压层（缝）面的抗滑稳定，对平面曲率较小的拱坝也应验算沿坝基面的抗滑稳定性，必要时应分析斜坡坝段的整体稳定。

**9.3.4** 混凝土坝结构安全分析计算的有关参数，对于高坝，必要时应重新进行坝体或坝基的钻探试验；对于中、低坝，当监测资料或分析结果表明应力较高或变形较大或安全系数较低时，也应重新试验确定计算参数。在有监测资料的情况下，应同时利用监测资料进行反演分析，综合确定各计算参数。

**9.3.5** 混凝土坝结构安全应采用下列评价标准：

**1** 在现场检查或观察中，如发现下列情况之一，可认为大坝结构不安全或存在隐患，并应进一步监测和分析：

1）坝体表面或孔洞、泄水管等削弱部位以及闸墩等个别部位出现对结构安全有危害的裂缝。

2）坝体混凝土出现严重溶蚀现象。

3）坝体表面或坝体内出现混凝土受压破碎现象。

4）坝体沿建基面发生明显的位移或坝身明显倾斜。

5）坝基下游出现隆起现象或两岸支撑山体发生明显位移。

6）坝基或拱坝拱座、支墩坝的支墩发生明显变形或位移。

7）坝基或拱坝拱座中的断层两侧出现明显相对位移。

8）坝基或两岸支撑山体突然出现大量渗水或涌水现象。

9）溢流坝泄流时，坝体发生共振。

10）廊道内明显漏水或射水。

**2** 当通过监测资料分析对大坝的结构安全进行评价时，如出现下列情况之一，可认为大坝结构不安全或存在隐患。

1）位移、变形、应力、裂缝开合度等的实测值超过有关规范或设计、试验规定的允许值。

2）位移、变形、应力、裂缝开合度等在设计或校核条件下的数学模型推算值超过有关规范或设计、试验规定的允许值。

3）位移、变形、应力、裂缝开合度等监测值与作用荷载、时间、空间等因素的关系突然变化，与以往同样情况对比有较大幅度增长。

**3** 当通过计算分析对大坝结构安全进行评价时，重力坝和拱坝的强度与稳定复核控制标准应分别满足 SL 319 和 SL 282 的要求。支墩坝的强度与稳定复核控制标准同重力坝。

## 9.4 砌石坝结构安全评价

**9.4.1** 砌石坝结构安全评价的内容、评价方法及要求同混凝土坝。

**9.4.2** 稳定复核应复核沿垫层混凝土与基岩接触面的滑动、沿砌石体与垫层混凝土接触面的滑动以及砌石体之间的滑动；当坝基存在软弱夹层、缓倾角结构面时，还应复核深层抗滑稳定。

**9.4.3** 砌石坝的强度与稳定复核控制标准应满足 SL 25 要求。

## 9.5 泄水、输水建筑物结构安全评价

**9.5.1** 泄水、输水建筑物结构安全评价主要复核建筑物顶高程（或平台高程）、泄流安全、结构强度与稳定是否满足相关规范要求。

**9.5.2** 溢洪道控制段顶部高程复核应按 SL 253 的规定执行，进水口建筑物安全超高复核应按 SL 285 的规定执行。

**9.5.3** 泄流安全应主要复核泄流能力、溢洪道泄槽边墙高度、泄洪无压隧洞过流断面、消能防冲，可根据建筑物的结构形式、材料特性与过流特点，按 SL 253、SL 279、SL 285 选取合适的计算方法和计算模型。高速水流区还应复核防空蚀能力和底板抗浮安全性。

**9.5.4** 溢洪道结构强度与稳定应主要复核控制段、泄槽、挑流鼻坎、消力池护坦和有关边墙、挡土墙、导墙等结构沿基底面的抗滑稳定、抗浮稳定和应力、强度，具体应按 SL 253 和 SL 379 执行。

水工隧洞结构安全应主要复核隧洞围岩稳定性和支护结构的安全，具体应按 SL 279 执行，其中围岩稳定评价应搜集原设计和开挖后揭露的地质资料，必要时进行地质勘察，分析评价隧洞围岩现状稳定性；衬砌结构复核计算可根据衬砌结构特点、荷载作用形式及围岩条件，选取合适的计算方法和计算模型。

进水口建筑物结构强度与稳定复核应按 SL 285 和 SL 191 执行。

## 9.6 其他建筑物结构安全评价

**9.6.1** 其他建筑物包括过船（木）建筑物、鱼道，以及影响大坝安全的挡土建筑物。

**9.6.2** 其他建筑物的结构安全评价可按照有关设计规范进行。

## 9.7 近坝岸坡稳定性评价

**9.7.1** 对影响大坝安全的近坝岸坡，应结合地质勘察及监测资料进行边坡稳定计算分析，分析方法和控制标准应按 SL 386 执行。

**9.7.2** 对大型水库近坝新老滑坡体或潜在滑坡体，应开展变形及地下水监测，并定期对监测资料进行整理分析，判断其稳定性。有条件时，应建立相应的数学模型，对边坡稳定进行监控。

**9.7.3** 对近坝 1 级、2 级岩石边坡的稳定，应进行专题研究论证。

## 9.8 结 构 安 全 评 价 结 论

**9.8.1** 结构安全复核应做出下列明确结论：

**1** 土石坝抗滑稳定及上游护坡是否满足规范要求；混凝土坝及其他材料坝的强度和稳定是否满足规范要求。

**2** 大坝变形规律是否正常，是否存在危及安全的异常变形。

**3** 泄水、输水和过船等建筑物的泄流安全、结构强度与稳定是否满足规范要求。

**4**　近坝岸坡是否稳定。

**9.8.2**　当大坝及泄水、输水和过船等建筑物的强度、稳定、泄流安全满足规范要求，无异常变形现象，近坝岸坡稳定时，可认为大坝结构安全，评为 A 级。

**9.8.3**　当大坝及泄水、输水和过船等建筑物的整体稳定、泄流安全满足规范要求，存在的局部强度不足或异常变形尚不严重影响工程安全，近坝岸坡整体稳定时，可认为大坝结构基本安全，评为 B 级。

**9.8.4**　当大坝及泄水、输水和过船等建筑物的强度、稳定、泄流安全不满足规范要求，存在危及工程安全的异常变形，或近坝岸坡不稳定时，应认为大坝结构不安全，评为 C 级。

# 10　抗　震　安　全　评　价

## 10.1　一　般　规　定

**10.1.1**　抗震安全评价的目的是按现行规范复核大坝工程现状是否满足抗震要求。

**10.1.2**　抗震安全评价应包括下列主要内容：

**1**　复核工程场地地震基本烈度和工程抗震设防类别，在此基础上复核工程的抗震设防烈度或地震动参数是否符合规范要求。

**2**　复核大坝的抗震稳定性与结构强度。

**3**　复核土石坝及建筑物地基的地震永久变形，以及是否存在地震液化可能。

**4**　复核工程的抗震措施是否合适和完善。

**5**　对布置强震监测台阵的大坝，应对地震原型监测资料进行分析。

**10.1.3**　对抗震设防烈度超过 6 度的大坝，应进行抗震安全复核。抗震设防烈度为 6 度时，可不进行抗震计算，但对 1 级水工建筑物，仍应按 SL 203 复核其抗震措施。抗震设防烈度高于 9 度的水工建筑物或高度超过 250m 的壅水建筑物，应对其抗震安全性进行专门研究论证，并报主管部门审批。

**10.1.4**　当工程原设计抗震设防烈度或采用的地震动参数不符合现行规范要求时，应对抗震设防烈度和地震动参数进行调整，并履行审批手续。

**10.1.5**　抗震复核计算的荷载与荷载组合、计算方法、计算参数及计算结果控制标准应按照相关设计规范执行，并符合 SL 203 的相关规定；抗震措施复核及地震荷载计算应按 SL 203 执行。

**10.1.6**　防震减灾应急预案应重点复核应急备用电源及油料储备情况，以保障地震发生后泄水建筑物启闭设备能快速紧急启动。

**10.1.7** 对超高坝、新型材料坝及结构性态复杂的大坝，必要时应通过专题研究论证，对大坝抗震安全做出评价。

## 10.2 抗震设防烈度复核

**10.2.1** 工程场地地震动参数及与之对应的地震基本烈度应按 GB 18306 确定。

地震基本烈度为Ⅵ度及Ⅵ度以上地区的坝高超过 200m 或库容大于 100 亿 m³ 的特大型工程，以及地震基本烈度为Ⅶ度及Ⅶ度以上地区坝高超过 150m 的大（1）型工程，应根据专门的地震危险性分析提供的基岩峰值加速度超越概率成果，按本标准 10.2.2 条的规定取值。

**10.2.2** 宜采用地震基本烈度作为抗震设防烈度。工程抗震设防类别为甲类的水工建筑物，应根据其遭受强震影响的危害性，在地震基本烈度基础上提高 1 度作为抗震设防烈度。

凡按本标准 10.2.1 条作专门的地震危险性分析的大坝，其设计地震加速度代表值的概率水准，对壅水建筑物应取基准期 100 年内超越概率 $P_{100}$ 为 0.02，对非壅水建筑物应取基准期 50 年内超越概率 $P_{50}$ 为 0.05。

**10.2.3** 当工程现状抗震设防烈度不满足上述要求时，应按 GB 18306 和 SL 203 对抗震设防烈度进行调整，并作为本次抗震安全复核的依据。

## 10.3 土石坝抗震安全评价

**10.3.1** 土石坝（包含其他水工建筑物的土质地基）抗震安全评价应主要复核大坝抗震稳定和抗震措施是否满足规范要求，必要时还应进行坝体永久变形计算与液化可能性判别。

**10.3.2** 抗震稳定复核应采用拟静力法。对工程抗震设防类别为甲类、设防烈度为 8 度及以上且坝高超过 70m，或地基存在可液化土的土石坝，复核时，应满足下列要求：

**1** 应同时采用有限元法对坝体和坝基进行动力分析，综合判断其抗震稳定性及地震液化可能性。计算工况应按 SL 274 执行，计算方法和计算参数选取应按 SL 203 执行，计算结果控制标准应按 SL 203 和 SL 274 执行。

**2** 应结合动力分析计算地震引起的坝体永久变形，并考虑地震永久变形复核坝顶、防浪墙顶以及防渗体顶高程是否满足 SL 274 要求。

**10.3.3** 应根据 GB 50487、SL 55 及 SL 203 综合判断坝体与坝基土是否存在地震液化的可能性。

## 10.4 重力坝抗震安全评价

**10.4.1** 重力坝抗震安全评价应主要复核坝体强度、整体抗滑稳定以及抗震措

施是否满足规范要求。

**10.4.2** 重力坝强度复核方法应以同时计入动、静力作用下的弯曲和剪切变形的材料力学法为基本分析方法。对于工程抗震设防类别为甲类，或结构及地质条件复杂的重力坝，宜同时采用有限单元法进行动力分析。

**10.4.3** 重力坝抗滑稳定复核应采用抗剪断强度公式计算。当坝基存在软弱夹层、缓倾角结构面时，应进行专门研究并复核坝体带动部分基岩的抗滑稳定性。

**10.4.4** 重力坝强度与抗滑稳定复核计算的荷载与荷载组合、计算方法、计算参数及计算结果控制标准应按 SL 319、SL 314 或 SL 25 执行，并符合 SL 203 的相关规定。

## 10.5　拱坝抗震安全评价

**10.5.1** 拱坝抗震安全评价应主要复核坝体强度与拱座稳定以及抗震措施是否满足规范要求。

**10.5.2** 拱坝强度复核应以动、静力拱梁分载法为基本分析方法。对于工程抗震设防类别为甲类，或结构及地质条件复杂的拱坝，宜同时采用有限单元法进行动力分析。

**10.5.3** 拱座的抗滑稳定复核应以刚体极限平衡法为主，按抗剪断强度公式计算。对于工程抗震设防类别为甲类或地质条件复杂的拱坝，宜辅以有限单元法或其他方法进行复核论证。

**10.5.4** 拱坝强度与拱座稳定复核计算的荷载与荷载组合、计算方法、计算参数及计算结果控制标准应按 SL 282、SL 314 或 SL 25 执行，并符合 SL 203 的相关规定。

## 10.6　泄水、输水建筑物抗震安全评价

**10.6.1** 溢洪道抗震安全评价应主要复核泄洪闸及边墙、挡土墙、导墙等结构的抗震稳定性、结构强度以及抗震措施是否满足规范要求。复核计算的荷载与荷载组合、计算方法、计算参数及计算结果控制标准应按 SL 253 执行，并符合 SL 203 的相关规定。

**10.6.2** 泄洪洞和输水洞（涵）抗震安全复核计算的荷载与荷载组合、计算方法、计算参数及计算结果控制标准应分别按 SL 285、SL 279 执行，并符合 SL 203 的相关规定，应主要复核下列内容是否满足规范要求：

**1** 进水塔的塔体强度、整体抗滑和抗倾覆稳定以及塔底地基的承载力。

**2** 隧洞衬砌和围岩的抗震强度和稳定性。

**3** 隧洞进出口边坡的抗震稳定性。

4 抗震措施。

## 10.7 其他建筑物抗震安全评价

**10.7.1** 其他建筑物包括过船（木）建筑物、鱼道，以及影响大坝安全的挡土建筑物、近坝岸坡和金属结构。

**10.7.2** 其他建筑物的抗震安全评价应按照相关设计规范和 SL 203 执行。

## 10.8 抗震安全评价结论

**10.8.1** 抗震安全评价应做出下列明确结论：

1 工程的抗震设防烈度是否符合规范要求。

2 大坝的抗震稳定性与结构强度是否满足规范要求。

3 土石坝及建筑物地基是否存在地震液化可能性。

4 近坝岸坡的抗震稳定性是否满足规范要求。

5 工程抗震措施及防震减灾应急预案是否符合要求。

**10.8.2** 当抗震复核计算结果及采取的抗震措施均符合规范要求，且不存在地震液化可能性时，可认为大坝抗震安全，评为 A 级。

**10.8.3** 当抗震复核计算结果基本符合规范要求，或抗震措施不完善、存在局部液化可能时，可认为大坝抗震基本安全，评为 B 级。

**10.8.4** 当抗震复核计算结果及抗震措施不符合规范要求，或存在严重地震液化可能时，应认为大坝抗震不安全，评为 C 级。

# 11 金属结构安全评价

## 11.1 一般规定

**11.1.1** 金属结构安全评价的目的是复核泄水、输水建筑物的闸门（含拦污栅）、启闭机，以及压力钢管等其他影响大坝安全和运行的金属结构在现状下能否按设计要求安全与可靠运行。

**11.1.2** 金属结构安全评价的主要内容包括闸门的强度、刚度和稳定性复核；启闭机的启闭能力和供电安全复核；压力钢管的强度、抗外压稳定性复核。

**11.1.3** 应在现场安全检查基础上，综合安全检测成果及计算分析对金属结构安全进行评价。制造与安装过程中的质量缺陷、安全检测揭示的薄弱部位与构件以及运行中出现的异常与事故，应作为评价的重点。

**11.1.4** 金属结构安全计算分析的有关荷载、计算参数，应根据最新复核成果及监测、试验及安全检测结果确定。

## 11.2　钢 闸 门 安 全 评 价

**11.2.1**　应复核闸门总体布置、闸门选型、运用条件、检修门或事故门配置、启闭机室布置及平压、通风、锁定等装置等是否符合 SL 74 要求，以及能否满足水库调度运行需要。

**11.2.2**　应复核闸门的制造和安装是否符合设计要求及 GB/T 14173 的相关规定。

**11.2.3**　应现场检查闸门门体、支承行走装置、止水装置、埋件、平压设备及锁定装置的外观状况是否良好，以及闸门运行状况是否正常。现场检查如发现闸门与门槽存在明显变形和腐（锈）蚀、磨损现象，影响闸门正常运行；或闸门超过 SL 226 规定的报废折旧年限时，应做进一步的安全检测和分析。

**11.2.4**　闸门安全检测应按 SL 101 执行。

**11.2.5**　计算分析应重点复核闸门结构的强度、刚度及稳定性。复核计算的方法、荷载组合及控制标准应按 SL 74 执行。重要闸门结构还应同时进行有限元分析。

## 11.3　启 闭 机 安 全 评 价

**11.3.1**　应按 SL 41 复核启闭机的选型是否满足水工布置、门型、孔数、启闭方式及启闭时间要求；启闭力、扬程、跨度、速度是否满足闸门运行要求；安全保护装置与环境防护措施是否完备，运行是否可靠。

**11.3.2**　应复核启闭机的制造和安装是否符合设计要求及 SL 381 的相关规定。

**11.3.3**　应复核泄洪及其他应急闸门的启闭机供电是否有保障。

**11.3.4**　应现场检查启闭机的外观状况、运行状况以及电气设备与保护装置状况。现场检查如发现启闭机存在明显老化、磨损现象，影响闸门正常启闭；或启闭机超过 SL 226 规定的报废折旧年限时，应做进一步的安全检测和分析。

**11.3.5**　启闭机安全检测应按照 SL 101 执行。

**11.3.6**　计算分析应重点复核启闭能力，必要时进行启闭机结构构件的强度、刚度及稳定性复核。复核计算的方法、荷载组合及控制标准应按 SL 41 执行。

## 11.4　压 力 钢 管 安 全 评 价

**11.4.1**　应复核压力钢管的布置、材料及构造是否符合 SL 281 要求。

**11.4.2**　应复核压力钢管的制造与安装是否符合设计要求及 GB 50766 与 SL 432 的相关规定。

**11.4.3**　应现场检查压力钢管的外观状况、运行状况及变形、腐（锈）蚀状况。如现场检查发现压力钢管存在明显安全隐患，或压力钢管超过 SL 226 规定的报废折旧年限时，应做进一步的安全检测和分析。

**11.4.4**　压力钢管安全检测应按 DL/T 709 执行。

**11.4.5**　计算分析应重点复核压力钢管的强度、抗外压稳定性。复核计算的方法、荷载组合及控制标准应按 SL 281 执行，重要的压力钢管还应同时进行有限元分析。

## 11.5　其他金属结构安全评价

**11.5.1**　其他金属结构主要包括过船（木）建筑物、鱼道金属结构以及影响大坝安全和运行的拦污栅、阀门、铸铁闸门。

**11.5.2**　过船（木）建筑物、鱼道的金属结构安全评价可参照 11.2 节、11.3 节执行，并符合 JTJ 308、JTJ 309 要求；拦污栅安全评价应按 SL 74 执行；阀门安全评价可参照 JTJ 308 执行；铸铁闸门安全评价可参照 CJ/T 3006 及本标准 11.2 节执行。

## 11.6　金属结构安全评价结论

**11.6.1**　金属结构安全复核应做出下列明确结论：
  **1**　金属结构布置是否合理，设计与制造、安装是否符合规范要求。
  **2**　金属结构的强度、刚度及稳定性是否满足规范要求。
  **3**　启闭机的启闭能力是否满足要求，运行是否可靠。
  **4**　供电安全是否有保障，能否保证泄水设施闸门在紧急情况下正常开启。
  **5**　是否超过报废折旧年限，运行与维护状况是否良好。

**11.6.2**　当金属结构布置合理，设计与制造、安装符合规范要求；安全检测结果为"安全"，强度、刚度及稳定性复核计算结果满足规范要求；供电安全可靠；未超过报废折旧年限，运行与维护状况良好时，可认为金属结构安全，评为 A 级。

**11.6.3**　当金属结构安全检测结果为"基本安全"，强度、刚度及稳定性复核计算结果基本满足规范要求；有备用电源；存在局部变形和腐（锈）蚀、磨损现象，但尚不严重影响正常运行时，可认为金属结构基本安全，评为 B 级。

**11.6.4**　当金属结构安全检测结果为"不安全"，强度、刚度及稳定性复核计算结果不满足规范要求；无备用电源或供电无保障；维护不善，变形、腐（锈）蚀、磨损严重，不能正常运行时，应认为金属结构不安全，评为 C 级。

# 12　大坝安全综合评价

**12.0.1**　大坝安全综合评价是在现场安全检查和监测资料分析基础上，根据防

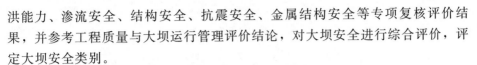

洪能力、渗流安全、结构安全、抗震安全、金属结构安全等专项复核评价结果，并参考工程质量与大坝运行管理评价结论，对大坝安全进行综合评价，评定大坝安全类别。

**12.0.2**　大坝安全分类应按照下列原则和标准进行：

　　**1**　一类坝：大坝现状防洪能力满足 GB 50201 和 SL 252 要求，无明显工程质量缺陷，各项复核计算结果均满足规范要求，安全监测等管理设施完善，维修养护到位，管理规范，能按设计标准正常运行的大坝。

　　**2**　二类坝：大坝现状防洪能力不满足 GB 50201 和 SL 252 要求，但满足水利部颁布的水利枢纽工程除险加固近期非常运用洪水标准；大坝整体结构安全、渗流安全、抗震安全满足规范要求，运行性态基本正常，但存在工程质量缺陷，或安全监测等管理设施不完善，维修养护不到位，管理不规范，在一定控制运用条件下才能安全运行的大坝。

　　**3**　三类坝：大坝现状防洪能力不满足水利部颁布的水利枢纽工程除险加固近期非常运用洪水标准，或者工程存在严重质量缺陷与安全隐患，不能按设计正常运行的大坝。

**12.0.3**　防洪能力、渗流安全、结构安全、抗震安全、金属结构安全等各专项评价结果均达到 A 级，且工程质量合格、运行管理规范的，可评为一类坝；有一项以上（含一项）是 B 级的，可评为二类坝；有一项以上（含一项）是 C 级的，应评为三类坝。

　　虽然各专项评价结果均达到 A 级，但存在工程质量缺陷及运行管理不规范的，可评定为二类坝；而对有一至二项为 B 级的二类坝，如工程质量合格、运行管理规范，可升为一类坝，但应限期对存在的问题进行整改，将 B 级升为 A 级。

**12.0.4**　对评定为二类、三类的大坝，应提出控制运用和加强管理的要求。对三类坝，还应提出除险加固建议，或根据 SL 605 提出降等或报废的建议。

# 附录2 混凝土坝巡视检查记录表样式

检查日期：年 月 日

参加人员：_____

## 混凝土坝坝体检查表

坝顶

    位移迹象　_____

    裂缝、错动　_____

    冻融　_____

    路面　_____

    人行道　_____

    防浪墙　_____

    照明　_____

    其他异常　_____

上游面

    裂缝　_____

    剥蚀　_____

    膨胀　_____

    伸缩缝开合　_____

    冻融　_____

    其他异常　_____

下游面

    裂缝　_____

    剥蚀　_____

    溶蚀　_____

    冻融破坏　_____

    渗漏　_____

    其他异常　_____

坝肩

    绕坝渗流　左_____　右_____

裂缝　　　　　　　　左_____　　右_____

错动　　　　　　　　左_____　　右_____

其他异常　　　　　　_____

坝体廊道

　　裂缝　　　　　　_____

　　漏水　　　　　　_____

　　剥蚀　　　　　　_____

　　伸缩缝开合　　　_____

　　坝身排水管　　　_____

　　廊道排水　　　　_____

　　机电设备情况　　_____

　　其他异常　　　　_____

坝基

　　总的情况　　　　_____

　　渗漏、渗水量、颜色_____

　　管涌　　　　　　_____

　　排水　　　　　　_____

　　溶蚀　　　　　　_____

　　沉陷　　　　　　_____

　　其他异常　　　　_____

基础廊道

　　错动　　　　　　_____

　　隆起或凹陷　　　_____

　　岩石剥落　　　　_____

　　初砌情况　　　　_____

　　排水量、浑浊度　_____

　　其他异常　　　　_____

监测设施

　　监测系统布置情况　外部_____

　　　　　　　　　　　内部_____

　　观测仪器完好状况　外部_____

　　　　　　　　　　　内部_____

　　位移　　　　　　_____

　　渗漏　　　　　　_____

　　扬压力　　　　　_____

　　　　结构缝　　　　　＿＿＿＿＿＿＿＿＿＿＿＿＿＿＿＿

　　　　应力应变　　　　＿＿＿＿＿＿＿＿＿＿＿＿＿＿＿＿

　　　　温度　　　　　　＿＿＿＿＿＿＿＿＿＿＿＿＿＿＿＿

　　　　其他　　　　　　＿＿＿＿＿＿＿＿＿＿＿＿＿＿＿＿

　　其他　　　　　　　　

　　　　　　　　　　　　＿＿＿＿＿＿＿＿＿＿＿＿＿＿＿＿

　　　　　　　　　　　　＿＿＿＿＿＿＿＿＿＿＿＿＿＿＿＿

# 附录3 土石坝巡视检查记录表样式

工程名称：_____

日期： 年 月 日　　　　　水库位： m　　　　　天气：

| 巡视检查部位 | | 损坏或异常情况 | 备　注 |
|---|---|---|---|
| 坝体 | 坝顶 | | |
| | 防浪墙 | | |
| | 迎水坡/面板 | | |
| | 背水坡 | | |
| | 坝址 | | |
| | 排水系统 | | |
| | 导渗降压设施 | | |
| 坝基和坝区 | 坝基 | | |
| | 基础廊道 | | |
| | 两岸坝端 | | |
| | 坝址近区 | | |
| | 上游铺盖 | | |
| 输、泄水洞（管） | 迎水段 | | |
| | 进水口 | | |
| | 进水塔（竖井） | | |
| | 洞（管）身 | | |
| | 出水口 | | |
| | 消能工 | | |
| | 闸门 | | |
| | 动力及启闭机 | | |
| | 工作桥 | | |
| 溢洪道 | 进水段（引渠） | | |
| | 内外侧边坡 | | |

续表

| 巡 视 检 查 部 位 | | 损坏或异常情况 | 备　　注 |
|---|---|---|---|
| 溢洪道 | 堰顶或闸室 | | |
| | 溢流面 | | |
| | 消能工 | | |
| | 闸门 | | |
| | 动力及启闭机 | | |
| | 工作（交通）桥 | | |
| | 下游河床及岸坡 | | |
| 近岸坝坡 | 坡面 | | |
| | 护面及支护结构 | | |
| | 排水系统 | | |
| 其他（包括备用电源灯情况） | | | |

注：被巡视检查的部位若无损坏和异常情况时应写"无"字。有损坏或出现异常情况的地方应获
　　取影像资料，并在备注栏中标明影像资料文件名和存储位置

检查人：　　　　　　　　　　　　　　　　　　　　　　　　负责人：

198

# 附录4 大坝安全监测督查工作表

水库名称：_____  联系人及电话：_____  地理位置：_____

| 工程概况 | 总库容：_____亿 m³<br>最大坝高：_____m | 坝型 | 混凝土重力坝□　碾压混凝土重力坝□　浆砌石重力坝□<br>混凝土拱坝□　　碾压混凝土拱坝□　　浆砌石拱坝□<br>均质土坝□　　　面板堆石坝□　　　心墙堆石坝□<br>斜墙坝□　　　　其他_____ |
|---|---|---|---|
| | 库区及地质 | | 高震区□　　　存在高边坡□　　　存在大断层□ |
| 监测及设施 | 巡视检查 | | 固定线路□　　固定人员□　　配套简易仪器设备完善□<br>及时记录整理□　资料保存完好□　与仪器监测统一分析□ |
| | 仪器监测 | | 项目设置满足规范：水文气象□　变形□　渗流□　应力及温度□<br>测点布置满足规范：水文气象□　变形□　渗流□　应力及温度□<br>监测对象满足规范：坝肩□　边坡□　厂房□　溢洪道□　隧洞□<br>配套设施满足规范：测点墩□　垂线□　引张线□　静力水准□<br>　　　　　　　　　双金属标□　　　测压管□　　量水堰□<br>　　　　　　　　　其他_____<br>仪器类型：差阻式□　振弦式□　电位器式□　其他_____<br>性能满足规范：水文气象□　变形□　渗流□　应力及温度□<br>备注： |
| | 监测自动化 | | 监测项目：水文气象□　　变形□　　渗流□　　应力及温度□<br>仪器厂家：南京水文所□　南瑞□　木联能□　　基康□<br>　　　　　其他_____<br>系统配置：采集单元数量_____台　信息管理□　数据分析□<br>系统运行：正常□　不正常□　其他_____<br>售后服务：良好□　　一般□　其他_____<br>备注： |
| 运行管理 | 规章制度 | | 可操作性：责任明确□　　　流程清晰□　　　奖惩措施□<br>　　　　　定期维护保养及检验情况□　　　操作规范□ |
| | 监测人员 | | 熟悉法规：水库大坝安全管理条例□<br>　　　　　其他部（省）大坝安全办法□ |

续表

| 运行管理 | 监测人员 | 熟悉规范：大坝安全评价导则□ 大坝设计规范□ 监测规范□<br>自动监测规范□ 相关仪器标准□<br>资料整理整编规程□<br>专业组成：水工结构□ 测绘□ 地质□ 计算机□<br>仪器仪表□ 自动化□ 其他_____<br>专职人员：_____人，其中：初级____人 中级____人 高级____人<br>专业培训：定期□ 不定期□ 其他_____ | | | |
|---|---|---|---|---|---|
| 分析评价 | 实测资料统计 | 监测物理量 | 历史最大值 | 历史最小值 | 最大年变幅 | 备注 |
| | | 上游水位（m） | | | | |
| | | 下游水位（m） | | | | |
| | | 气温（℃） | | | | |
| | | 降雨量（mm） | | | | |
| | | 坝顶水平位移（mm） | | | | |
| | | 坝顶沉降（mm） | | | | |
| | | 扬（渗透）压力 | | | | |
| | | 渗漏量（L/S） | | | | |
| | | 裂缝开度（mm） | | | | |
| | 资料整理整编 | 时间及时性□ 内容满足规程要求□ 分析研究深度□ | | | | |
| | 资料完整性 | 考证表□ 说明书□ 操作规程□ 验收资料□ 其他_____ | | | | |
| | 大坝安全鉴定 | 按规程执行□ 除险加固□ 其他_____ | | | | |
| | 大坝安全状况 | 正常□ 异常□ 病险□ 其他_____ | | | | |
| 专项监测 | 地震监测 | 已设置□ 未设置□ 已实现自动化□ 不需要设置□ | | | | |
| | 水力学监测 | 已设置□ 未设置□ 已实现自动化□ 不需要设置□ | | | | |
| | 其他监测 | 水质□ 坝前淤积□ 下游冲刷□ 冰冻□ | | | | |
| | 新仪器或新技术运行情况 | 类型 | 正常运行 | 运行不正常 | 仅做试验 | |
| | | GPS | | | | |
| | | 光纤传感 | | | | |
| | | 测量机器人 | | | | |
| | | INSAR | | | | |
| | | 其他 | | | | |
| 人员经费及其他 | 培训和经费 | 培训情况： 经费保障： | | | | |
| | 其他补充说明或建议（不够可附页） | | | | | |

**注**："____"填上具体数值、内容，在相应项目"□"内√，表示肯定或执行。